let my people go surfing

the education of a reluctant businessman

パタゴニア創業者の経営論

YVON CHOUINARD
founder and owner, patagonia

社員をサーフィンに行かせよう

イヴォン・シュイナード
森 摂 訳

東洋経済新報社

妻として、パートナーとして
すばらしき日々をともに歩んでくれた
マリンダ・ペノイヤー・シュイナードにささぐ

Original Title
LET MY PEOPLE GO SURFING
by Yvon Chouinard

日本語版への序文

「社員をサーフィンに行かせよう」という精神は、日本の読者の方にすんなりと理解してもらえないかもしれない。そのように言われても、「本当に行っていいのだろうか」「そんな楽しそうな会社が本当にあるのだろうか」と思われるかもしれない。

私たちの会社で「社員をサーフィンに行かせよう」と言い出したのはずいぶん前のことだ。創業メンバーのトム・フロストが共同経営者だった頃、彼がヒマラヤに三カ月くらい登山に行くと、その間は私が経営を見ていた。逆に私が南米に半年山登りに行くと、彼が会社を見てくれた。その頃から、このフレーズは社内の「非公式な」ルールになっていた。

私たちの会社では、本当に社員はいつでもサーフィンに行っていいのだ。もちろん、勤務時間中でもだ。平日の午前十一時だろうが、午後二時だろうがかまわない。いい波が来ているのに、サーフィンに出かけないほうがおかしい。

私は一九五四年にサーフィンを始め、数あるスポーツの中でもサーフィンが最も好きなので、この言葉を使ったが、登山、フライフィッシング、自転車、ランニングなど、どんなスポーツでもかまわない。

パタゴニアの本社が、カリフォルニア州ロサンゼルスから西に約百キロメートル、太平洋を望むベンチュラにあるのも、パタゴニア日本支社が神奈川県鎌倉市にあるのも、社員がサーフィンに行きやすい場所だからだ。そして何より、私自身がサーフィンをしたいのだ。

私が「社員をサーフィンに行かせよう」と言い出したのには、実はいくつか狙いがある。

第一は「責任感」だ。私は、社員一人一人が責任を持って仕事をしてほしいと思っている。いまからサーフィンに行ってもいいか、いつまでに仕事を終えなければならないかなどと、いちいち上司にお伺いを立てるようではいけない。もしサーフィンに行くことで仕事が遅れたら、夜や週末に仕事をして、遅れを取り戻せばいい。そんな判断を社員一人一人が自分でできるような組織を望んでいる。

第二は「効率性」だ。自分が好きなことを思いっきりやれば、仕事もはかどる。午後にいい波が来るとわかれば、サーフィンに出かけることを考える。すると、その前の数時間の仕事はとても効率的になる。たとえば、あなたが旅行を計画したとすると、出発前の数日間は仕事をテキパキやるはずだ。旅行中に同僚に迷惑をかけたくないこともあるだろう。あるいは旅行を前に気分が高揚して仕事が進むのかも知れない。その気分を日常的に味わえるのが、私たちの会社なのだ。

日本でもそうかも知れないが、机に座っていても、実は仕事をしていないビジネスマンは多い。彼らは、どこにも出かけない代わりに、仕事もあまりしない。仕事をしているふりをしているだけだ。そこに生産性はない。

第三は「融通をきかせること」だ。サーフィンでは「来週の土曜日の午後四時から」などと、前もって予定を組むことはできない。その時間にいい波が来るかどうかわからないからだ。もしあなたが真剣なサーファーやスキーヤーだったら、いい波が来たら、あるいはいい雪になったら、すぐに出かけられるように、常日頃から生活や仕事のスタイルをフレキシブルにしておかなければならない。

第四は「協調性」だ。パタゴニアには、「私がサーフィンに行っている間に取引先から電話があると思うので、受けておいてほしい」と誰かが頼むと、「ああ、いいよ。楽しんでおいで」と誰もが言える雰囲気がある。そのためには、誰がどういう仕事をやっているか、周囲の人が常に理解していなければならない。一人の社員が仕事を抱え込むのではなく、周囲がお互いの仕事を知っていれば、誰かが病気になったとしても、あるいは子どもが生まれて三カ月休んだとしても、お互いが助け合える。お互いが信頼し合ってこそ、機能する仕組みだ。

だから、私たちの会社には、よくアメリカの会社に見られるパーティションは一切ない。ＣＥＯや私の執務室も個室ではなく、誰もがいつでも自由に出入りできるようにしてある。私はいつでも社員食堂で食事をとり、社員たちと仕事やスポーツの話をする。

実際にどれくらいの社員がサーフィンに行くかというと、もちろん全社員ではない。まったくスポーツをしない社員もいる。しかし、たとえば、ある社員の子どもが病気で、今日は家に帰って仕事をしたいと言うと、誰もがそれを受け入れる。私の娘はこの会社でデザイナーをしているが、一人で集中したくなると、自宅にこもって仕事をしている。だから、「社員をサーフィンに行かせよう」という精神は、スポーツに限っているわけではないのだ。

第五の狙いは「真剣なアスリート」を多く会社に雇い入れ、彼らを引き止めることだ。もし優秀なスキーヤーが入社すれば、ひと月はスキーに行きたいと言うだろう。それを止めようとすると、毎日スキーができるスキーメーカーに転職してしまうかも知れない。なぜ、真剣なアスリートを多く雇いたいのか。それは、私たちの会社は、アウトドア製品を開発・製造し、販売しているからだ。自然やアウトドアスポーツについては、誰よりも深い経験と知識を持っていなければならない。そのためには、より多くのプロフェッショナルを雇わなければならないのだ。

結局、「社員をサーフィンに行かせよう」という精神は、私たちの会社の「フレックスタイム」と「ジョブシェアリング」の考え方を具現化したものにほかならない。この精神は、会社が従業員を信頼していないと成立しない。社員が会社の外にいる以上、どこかでサボっているかも知れないからだ。しかし、経営者がいちいちそれを心配していては成り立たない。私たち経営陣は、仕事がいつも期日通りに終わり、きちんと成果をあげられることを信じているし、社員たちもその期待に応えてくれる。お互いに信頼関係があるからこそ、この言葉が機能するのだ。

パタゴニア日本支社でも、「サーフィンに行こう」と奨励しているが、やはり日本人の勤勉性ゆえか、勤務時間中にスポーツに出かけることに「罪悪感」を持つ人がまだ多いようだ。しかし、少なくとも、誰かがスポーツに出かけるときに、それを止めようとする人はいない。

「社員をサーフィンに行かせよう」と言っている私自身、世界中の自然を渡り歩いている。一年のおよそ半分は会社にいない。サーフィン、フライフィッシング、フリーダイビング（素潜り）。山登りもしばらく休んでいたが再開した。テニスもよくやる。今年も四月はカナダのブリティッシュ・コロンビア州に釣りに、六月はロシアとアイスランドに、七月にはワイオミング州に登山と釣りに行く予定だ。

これを私なりにMBAと呼んでいる。「経営学修士」ではなく、「Management By Absence（不在による経営）」だ。いったん旅行に出ると、私は会社には一切電話しない。そもそも携帯電話もパソコンも持っていかない。もちろん、私の不在時に、彼らが下した判断を後で覆すことはない。社員たちの判断を尊重したいからだ。そうすることで、彼らの自主性がさらに高まるのだ。

最後に、私たちのビジネスで最も重要な使命について触れておきたい。それは「私たちの地球を守る」ことだ。私たちの会社では、このことをなによりも優先している。売上高より、利益よりもだ。ほんの数年前まで地球温暖化について誰も耳を貸そうとしなかったが、いまでは多くの人や企業が耳を傾け始めた。しかし、もう遅い。手遅れだ。だからこそ、温暖化の加速度を少しでも緩めるための努力を、いますぐしなければならない。

石油価格の上昇はグローバル経済を揺さぶる。いままでのように、ニュージーランドの毛糸を香港でセーターに編み、アメリカで売ることは難しくなる。おそらく十年以内には、セーターのコストの中で輸送費が最大になるだろう。そうなると、グローバリズムは困難になる。ローカルエコノミーに戻るべきだ。求めるべきは、スロー・エコノミーであり、スロー・ビジネスである。
　私たちの会社は、二〇〇一年に売上高の一%以上を環境保護団体に寄付する企業同盟「1% for the Planet（地球のための1パーセント）」を共同設立した。これに参加する企業は、ここ一、二年で三倍以上の約五百社に増えた。日本の企業も数社参加している。ミュージシャンのジャック・ジョンソン氏など、個人で参加している人もいる。本書を読んで私たちのメッセージに共感し、この企業同盟に参加していただけたら嬉しい限りである。

二〇〇七年一月　パタゴニア本社にて

イヴォン・シュイナード

目次

本文DTP　プライマリー

第1章 INTRODUCTION イントロダクション

私が企業家になって、すでに五十年近くの月日が経つ。そのことを打ちあける心苦しさは、自分が「アルコール依存症」や「弁護士」であると告白する人の心情に似ている。なにしろ、この肩書きに敬意を抱いたことは一度もない。ビジネスこそ、大自然の敵にして先住民文化の破壊者であり、貧しい人々から奪ったものを富める者に与え、工場排水で土壌汚染を引き起こしてきた張本人なのだから。

それでもビジネスは、食べ物を作り、病気を治し、人口増加を抑え、雇用を生み出し、生活の質をおおむね向上させる能力を持っている。しかもこれらの善行をなすと同時に、魂を売り渡すことなく利益を上げることもできるのだ。まさにその実例を、本書では示している。

六〇年代のアメリカで人格形成期を過ごした人間の多くと同じように、私は大企業とその仲間である政府を嫌っていた。若い共和党員が一般に描くような夢、両親よりも金持ちになりたいとか、ビジネスを起こし、できるだけ早く育てて株式公開し、「レジャーワールド」（カリフォルニア州にあるリゾート生活をコンセプトにしたシニア向けの住宅地）のゴルフコースで隠居生活を楽しむといった夢には、一度も魅力を覚えなかった。私の価値観を培ってきたのは、自然に接した暮らしと、一部の人たちからは「危険をともなう」スポーツと呼ばれるものに情熱を持って取り組むことだった。

妻のマリンダと私、そしてパタゴニアの「反骨精神旺盛な」従業員たちは、慣習にとらわれない生活様式やこうしたスポーツからさまざまな教訓を得て、それを会社経営に活かしてきた。

私たちの会社「パタゴニア」は実験的な試みだ。その存在意義はと言えば、「母なる地球」の健康に警鐘を鳴らすさまざまな書籍に出てくる「自然破壊と文化の崩壊を避けるために、すぐに取りかかるべき数々の勧告」を実行に移すことだ。

自然環境が崩壊の危機に瀕《ひん》しているとの認識を科学者たちがほぼ一致して持っているにもかかわらず、私たちの社会は行動を起こそうという意思に欠けている。関心の欠如、気力の欠如、想像力の欠如に、集団で冒されているのだ。

一方、パタゴニアは従来の常識に挑み、信頼できる新しいビジネスの形を示すために存在する。現在広く受け入れられている資本主義のモデル、果てしない成長を必要とし、自然破壊の責めを負ってしかるべきモデルは、排除しなくてはならない。パタゴニアとその一千名の従業員は、正しい行いが利益を生む優良ビジネスにつながることを実業界に示す手段と決意を持っている。

本書の完成までに、実に十五年の歳月がかかった。それだけ長い時を費やしてようやく次のことを立証することができたのだ。

従来の規範に従わなくてもビジネスは立ちゆくばかりか、いっそう機能することを。百年後も存在したいと望む企業にとっては、とりわけそうであることを。

HISTORY

第2章 パタゴニアの歴史

歩くより先に登ることを覚えた

幼いうちから企業家を夢見る子どもはいない。消防士、プロ・スポーツ選手、森林警備隊《レンジャー》あたりが、一般的な夢だろう。実業界の第二、第三のリー・アイアコッカ、ドナルド・トランプ、ジャック・ウエルチを英雄と崇めるのは、同じ価値観を持つ企業家ぐらいだ。私はと言えば、大きくなったら毛皮《ファー・》猟師《トラッパー》になりたいと思っていた。

父はケベック出身の、武骨なフランス系カナダ人だ。わずか三年で学校教育を終え、九歳から家の農場で働きはじめなくてはならなかった。その後、左官、大工、電気工、鉛管工と職を転々とした。

私の生まれたメイン州リスボンでは、ウォランボ毛織工場でありとあらゆる織機の修理にあたっていた。いまでも忘れられないのは、まだ私が小さい頃、父が台所の薪ストーブの脇に座ってウィスキーをひと瓶空けたあと、何本かの歯を――虫歯もそうでないのも一緒くたに――電気工事用のペンチで引き抜いたことだ。歯の治療が必要だが、近所の歯科医にかかると法外な金がかかる。このぐらいは自分でわけなくできると考えたのだと言う。

たぶん私は、歩くより先に登ることを覚えたに違いない――当時借りていた家の二階の住人、シマード神父が、階段を這いあがるよう促し、達成したご褒美に蜂蜜をひと匙《さじ》くれたのだ。

六歳のとき、兄のジェラルドが私を釣りに連れ出し、糸の先に体長二十五センチほどのカワカマスをくっつけ、いかにも私が釣ったように見せかけてくれた。それ以来、私は釣りの虜になった。

リスボンの住民はほとんどがフランス系カナダ人であり、私も七歳まで、フランス語で教えるカトリック系の学校に通った。

二人の姉、ドリスとレイチェルは、それぞれ九歳と十一歳年上だ。兄は兵役に就き、父は休む間もなく働いていたため、私は女性に囲まれて育った。こうした環境はなかなか心地よかった。母のイヴォンヌは家族の中でも冒険好きな性格で、一九四六年にはこの母の思いつきから、家族そろってカリフォルニア州に移住することとなった。かの地の乾いた気候が父の喘息《ぜんそく》を改善してくれるのではないかと期待したのだ。

シュイナード一家、カリフォルニアでの最初の日。1946年。**提供：パタゴニア**

自分だけの遊び

家財道具を、父の手作りした調度品も含めてすべて売り払うと、家族六人が自家用クライスラーにぎゅうぎゅう詰めに乗り込み、一路西を目指して走りはじめた。あの日のことはいまも忘れられない。ルート66のどこかでアメリカ先住民の住居《ホーガン》に立ち寄ったとき、旅の非常食にとっておいたトウモロコシの缶詰を、母は一つ残らず、ホピ族の女性とその腹ぺこの子どもたちに与えてしまった。たぶんこれが、慈善活動《フィランソロフィ》のなんたるかを私に教えてくれた最初の出来事だろう。

カリフォルニアのバーバンク市に着いたあとは、同じフランス系カナダ人一家のもとに身を寄せ、私はそこから公立学校へ通うことになった。クラス一小柄で、英語は話せないし、しかも女の子みたいな名前をしているという理由で、しょっちゅういじめられた。そこで私は、未来の企業家なら誰もがするだろうことをした。逃げ出したのだ。

両親がカトリックの教区学校へ転校させてくれたおかげで、シスターたちに力になってもらえたが、その年の成績は、みごとに全教科「D」判定。言葉と文化の違いのせいで孤立し、ほとんどの時間を一人きりで過ごした。近所のほかの子が一人で道を渡ることさえ許されないうちから、自転車を十キロ余り走らせて会員制ゴルフコース内の池を訪れ、柳の木陰に潜んで守衛の目を逃れてはブルーギルやバスを釣った。

やがてグリフィス公園やロサンゼルス川に都市の野生生物を見つけ、放課後は毎日、カエルをやすで突いたり、ザリガニを罠で捕らえたり、弓矢で野ウサギを狩ったりして過ごした。夏には、みんなと一緒に、映画撮影所のフィルム現像室からの排水でできた泡だらけの水溜りで泳いだ。いつか私ががんを患《わずら》うようなことがあったら、たぶんこの経験が原因だろう。

高校時代は最悪だった。にきび面で、ダンスもできず、職業訓練の授業以外はどんな科目にも興味を持てない。「態度が反抗的」と見なされ、居残りを命じられるのは日常的。野球やフットボールなどの運動競技は得意だったが、みんなの見ている前でプレーしようとすると、きまってしくじってしまう。私は比較的小さい頃から、自分だけの遊びを考え出すのが得策だと気づいていた──そうすれば、いつでも勝者になれる、と。私が遊びを生み出す場所は、ロサンゼルス周辺の海や小川、丘の斜面だった。

数学の時間はたいていひどく退屈で、天井をじっと見つめたり、吸音板の穴を残らず数えようと挑んでみたり。歴史の授業は、息を止める訓練の場だった。より深く素潜りできるように鍛えておいて、

南カリフォルニア・タカ狩りクラブの仲間たち。オオタカを連れた右端の人物が私。1956年。
提供：パタゴニア

週末になったら、マリブの海にたくさんいたロブスターやアワビを捕りに行くのだ。自動車修理の授業では、台車に寝転がって車の下にもぐりこんだが最後、出席をとるためにやってきたかわいい女の子の脚を確認するときにしか這い出さなかった。

クライミングとの出会い

落ちこぼれ仲間数人に、音楽教師のロバート・クライムズやUCLA（カリフォルニア大学ロサンゼルス校）大学院生のトム・ケイドら大人が加わって、「南カリフォルニア・タカ狩りクラブ」を結成し、タカやハヤブサを狩り用に訓練した。春には週末ごとにタカの巣を探しに出かけ、ときには政府の依頼で幼鳥を集めたり、訓練用に一羽だけ巣から連れ出したりした。私たちのクラブは、カリフォルニア州ではじめてのタカ狩り規制法の成立にひと役買っている。

この頃の経験が、私の人格形成に最も大きな影響を及ぼした。わずか十五歳にしてオオタカを罠で捕らえ、手の上で眠ってもらえるほどの信頼を勝ちとるまで夜通し付き添い、誇り高きこの鳥を狩りの補助役としてだけ働くよう訓練するのだから、禅問答ではないが、「どちらが訓練されているのか」ということになる。

大人の一人、ドン・プレンティスはクライマーで、崖にあるタカの巣までどうやって懸垂下降《けんすい》するかを教えてくれた。それまでは皆、縄にしがみつくようにおそるおそる下りていたが、彼はマニラロープ（電話会社から失敬してきたもの）を腰と肩に絡《から》ませて、いかに滑りを調整するか示してくれたのだ。私たちはこれを最高のスポーツと考えて、ひたすら練習し、改善を加え、新しい技術を導入した。革パッド付きの懸垂下降専用服も手作りして、下りる速度をどんどん上げていった。

サンフェルナンド・バレーの西端まで行く貨物列車に飛び乗って、ストーニー・ポイントへ、砂岩の崖を下りる練習をしに出かけたりもした。ただし特別な装備も、クライミング用の靴もなし。ふだんのスニーカー履きのままだ。

そのときは崖を登ることなど考えもしなかった。だが、ある日、ストーニー・ポイントのチムニー（人が入れる幅のある煙突状の岩の裂け目）を下りていたとき、なんとそこを、シエラクラブ（アメリカの環境保護団体）のメンバーが登ってきたではないか！

さっそくドン・プレンティスからクライミングの手ほどきを受け、その年の六月、十六歳の私は、自動車修理の授業で組み立て直した四〇年型フォードをワイオミングへ向けて走らせた。いまも、あのときの爽快《そうかい》な気持ちを思い出す。四十度近い気温の中、一人でネバダ砂漠を突っきり、路肩でオーバーヒートしボンネットを開けているオールズモービルやキャデラックを次々に追い越していった。ワイオミング州パインデールで、ドン・プレンティスやその仲間の若者たちと落ち合い、バックパックを背負い、徒歩でウィンドリバー山脈の北部にわけ入った。ワイオミングの最高峰であるガネット山に登るつもりだったが、ガイドブックがなかったため、どのルートをとるべきなのかわからなかった。私は西壁を登りたいと主張し、ほかの人たちは北の峡谷を登りたいと言った。そこで二手に分

サンフェルナンド・バレーのストーニー・ポイントで懸垂下降の練習中。1950年代初め。**提供：パタゴニア**

かれ、私は単独で西壁の崖群を登ることにした。その日遅く山頂にたどり着いたものの、雷雨に見舞われ、底の平らなシアーズ社製のワークブーツのせいで雪原に足を滑らせてばかりと、さんざんな目にあった。

さらにティトン山脈へと車を走らせ、そこでクライミングを学んで残りの夏を過ごした。そして最終的に、ダートマスから来た二人の男を言いくるめて、仲間に加えてもらった。彼らはシンメトリースパイアのテンプルトンズ・クラックを登る予定だと言う。その少し前、別のクライマーたちから場数不足を理由に仲間入りを断られたあとだったので、私は自分の経験を詳しく話さなかった。

実はロープを使ったクライミングはこれが初めてだったのに、体験談をでっちあげて物知り顔でいたため、最も難しいピッチ、しかも濡れてぬるぬるした岩の割れ目《クラック》で先導《リード》を頼まれてしまった。使い方がさっぱりわからないピトンとハンマーを渡されてとまどったが、なんとか見当をつけて、任務を果たした。以降、私は毎夏ティトンを訪れては、三カ月間、クライミングに明け暮れた。あの未熟な頃の体験を振り返ると、死なずにすんだことが奇跡に思えてくる。

ティトンでは、釣りにも興じた。十七歳のとき、クライミング学校の小屋の脇でグレン・エクサムが息子のエディーにフライフィッシングの竿の振り方《キャスティング》を教えているのを目撃した。山岳ガイドのグレンは、この谷では伝説的なクライマーだったが、キャスティングも実に優美で、超一流のドライ・フライフィッシング（水面に浮く毛ばりを使用する方法）の腕を持っていた。私が見ていることに気づくと、彼は「君もこっちへ来いよ！」と叫んで、フライのキャスティングを教えてくれた。以降、私

グレン・エクサム。山岳ガイド兼音楽教師にして、ドライフライでのマス釣りの腕も超一流。1983年。**提供：パタゴニア**

はスピニングロッドと極上ルアーを捨てさり、フライフィッシング一本に絞っている。

カリフォルニア州に戻ってからは、冬にはストーニー・ポイントを、春と秋にはパームスプリングス近くのターキッツ・ロックをうろついて週末を過ごした。その頃に、シエラクラブの若いクライマーたち数人と知り合った。TM・ハーバート、ロイヤル・ロビンス、トム・フロスト、ボブ・カンプスたちだ。やがて活動の場を、ターキッツから当時すでに大岩壁《ビッグウォール》でクライミングが行われていたヨセミテへ移した。

放浪生活の始まり

一九五六年に高校を卒業すると、私は二年間コミュニティ・カレッジに通い、パートタイムで兄の私立探偵事務所、マイク・コンラッド・アンド・アソシエイツの仕事を手伝った。事務所の主な顧客はハワード・ヒューズ（アメリカの伝説的大富豪）で、仕事の大半は「くその役にも立たない」ようなものばかり。

数えきれないほどの若き「スター女優の卵」の身辺を調査したり、ヨットを「無菌」に保つために見張りに立ったり、ヒューズがトランスワールド航空がらみの訴訟で召喚されることのないようかくまったりした。

休暇になると、友人と連れだって、メキシコのバハカリフォルニアの荒野か、メキシコ本土の沿岸

1957年にメキシコのサン・ブラスで1カ月間暮らしたビーチハウス。魚とトロピカルフルーツを食べ、ブヨや蚊やサソリを撃退しながら、地元教会に奉納された蝋燭でサーフボードにワックスがけをしていた。**提供：パタゴニア**

地域へサーフィンに出かけた。移動手段は、十五ドルで手に入れた三九年型シボレー。ある旅では十九回のパンクに見舞われ、ついには後輪のタイヤに小枝や草を詰めて、だましだましマサトランまでの最後の十数キロを走った。飲み水がよくないせいで頻繁に体調を崩していたが、薬を買う余裕もなく、焚《た》き火の燃えかすを粉にして食塩一カップとともに水に混ぜ、催吐薬の代わりに飲んだ。

ほどなく、私は達観した。これからもずっと不衛生な水を飲み、第三世界の露店や市場で買ったものを食べるつもりなら、体を慣らしたほうがいい、と。水あたりやジアルジア症への自然免疫をつける過程は決して生やさしいものではないが、抗原虫薬《フラジール》も抗生物質も服用せず、ヨウ素消毒や塩素処理を施《ほどこ》した水も飲まずにいれば、しだいに免疫がついてくる。一種の同種療法《ホメオパシー》のようなものだ。いまでも私は釣りに行く先々で川から直《じか》に水を飲んでいるが、体調を崩すことはめったにない。

一九五七年、私はくず鉄屋から石炭を燃料とする中古の溶鉄炉と重さ六十キロ余りの金床、やっとことハンマーを数本買って、自己流で鍛冶屋仕事を始めた。自分だけのクライミング道具を作りたかったのだ。ヨセミテのさまざまなビッグウォールを泊まりがけで登りはじめたので、何百ものピトンが必要になっていた。

ヨーロッパから輸入された軟鉄製のピトンは一度きりの使用しか想定されていないため、岩に打ち込んだままになる。過去にはもっと使い勝手のいいピトンが、スイス人鍛冶屋《かじや》にしてクライマーのジョン・サラテの手によって古いA型フォードの車軸から作られ、ヨセミテのロストアロー・チムニー初登攀《とうはん》の際に使われたのだが、この頃にはもう作られなくなっていた。

ヨセミテの先駆的クライマーであり、鍛冶屋でもあるジョン・サラテ。彼のペニンシュラ・アイアンワークス社の商標は伝統的な「ダイヤモンドP」であり、シュイナード・イクイップメント社の「ダイヤモンドC」はこれから着想を得た。**提供：パタゴニア**

私は中古刈取り機のクロムモリブデン鋼製の刃から第一号のピトンを作り、ＴＭ・ハーバートと一緒にヨセミテのロスト・アロー・チムニーやセンテニアルロック北壁を登った。丈夫で硬いこれらのピトンは、細いクラックの多いヨセミテの岩壁に打ち込むにはうってつけで、抜き取って繰り返し使うことができる。私は「ロスト・アロー」と名づけて、初めは自分自身や個人的なクライミング仲間のために、やがては仲間づてにほしいと言ってきた人向けにも作り出した。

一時間に作れるクロムモリブデン鋼製ピトンの本数は二本、これを一本一ドル五十セントで売った。ヨーロッパ製のピトンは二十セントで買えたが、私たちと同じ最新技術で登りたかったら、この新しい道具を買うしかないというわけだ。

カラビナも、もっと丈夫なのを作りたかった。一九五七年、落とし鍛造《たんぞう》型を手に入れるために両親から八百二十五ドル三十五セントを借りて、ロサンゼルスのアルコア（アルミニウム・カンパニー・オブ・アメリカ）本社へ車を走らせた。

わずか十八歳、あご一面にひげをはやし、リーバイスのジーンズ、革ひもサンダルを履いた若造が、三十五セントにいたるまですべて現金で用意してきたのだ。アルコア社の人たちは現金での支払いにどう対処していいかわからない様子だったが、ともかく落とし鍛造型を作ってくれた。

父の手を借り、バーバンクの自宅裏庭のニワトリ小屋を改造し、小さな作業場をこしらえた。工具

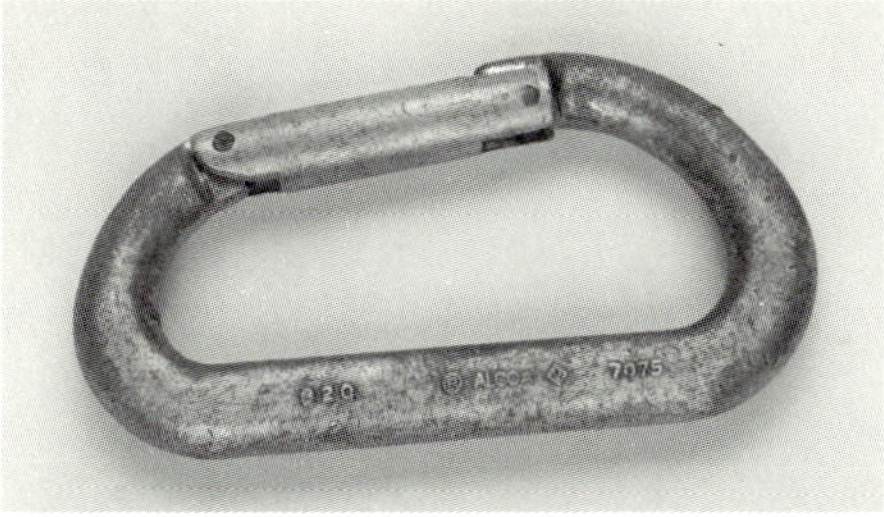

最初のシュイナード製カラビナは、シアーズ・ローバック製のボール盤のみで加工された。**提供：パタゴニア**

4130クロムモリブデン鋼からピトンを鍛えていく過程。
提供：パタゴニア

バーバンクの最初の工房でピトンを鍛えているところ。右端のサーフボードは、バルサ材とグラスファイバーを用いて自作したが、最終的に、A型フォードのエンジン１基と交換した。1957年。
撮影：ダン・ドゥーディ

のほとんどは持ち運び可能だったので、これらを車に積み込んで、ビッグサーからサンディエゴまでのカリフォルニア沿岸を行ったり来たりした。

まずサーフィンを楽しんで、おもむろに金床を浜へ持ちだし、冷たがねとハンマーでアングルピトンをいくつか作って、また次の浜へ移動する。この繰り返しだ。ガソリン代は、ごみ箱をあさって炭酸飲料の瓶を回収することでまかなった。

それから数年は、冬の間は道具を作り、四月から七月までヨセミテの岩壁で過ごしてから、夏の猛暑を逃れるようにワイオミング、カナダ、果てはアルプスの高山を訪れた。秋になったらまたヨセミテへ戻って積雪の始まる十一月まで過ごした。生活の糧《かて》は、車のトランクに積んだクライミング道具の販売。だが、儲けはごくわずかだった。

一日一ドル未満で暮らす日々が、何週間も続いた。夏にロッキー山脈へ旅立つ前、友人のケン・ウィークスと二人で、サンフランシスコの傷もの缶詰販売店でへこんだキャ

クライミング仲間のケン・ウィークスと私は、この焼却炉をきれいに掃除して、ひと夏の住処とした。ワイオミング州ティトン。1958年。**撮影：ロレイン・ボニー**

ットフード缶を二箱買った。その中身に、オートミール、じゃがいも、そして「トロツキー風《ふう》」にピッケルで暗殺した地リス、アオライチョウ、ヤマアラシの肉を混ぜて食べた。一年間で実に二百日余りの夜を、陸軍払い下げの古い寝袋で過ごした。テントを買ったのは、四十歳近くになってから。巨岩の裾《すそ》や低く垂れ込めたアルパイン・ファー（モミの一種）の枝の下で眠るほうが、性に合っていた。

ヨセミテで、私たちは自ら「谷のゲリラ集団《バレー・コン》」を名乗り、二週間のキャンプ期限が切れたあとは、キャンプ4の裏手に潜《ひそ》んでレンジャーをやりすごした。岩や氷瀑を登るといった、なんら経済的価値のない活動に大きな誇りを抱いていた。

私たちは消費文化への反逆児。政治家や実業家は「ポマード野郎ども」で、企業は諸悪の根源。私たちの住まいは、自然の大地。そして崇めるべき英雄は、自然保護論者のジョン・ミューア、森の生活者のヘンリー・デイヴィッド・ソロー、詩人のラルフ・ウォルドー・エマソン、そしてヨ

ティトンでのキャンプ。軟弱なエアマットレスは私のものではない。1958年。**提供：パタゴニア**

ーロッパのクライマー、ガストン・レビュファ、リカルド・カシン、ヘルマン・ブールだ。私たちは生態系の際《きわ》で生きる野生種に似ていた。順応性があり、回復力に優れ、かつ強靱《きょうじん》だった。

留置場と兵舎での日々

一九六二年の秋、アメリカ東海岸へのクライミング遠征から戻る途中、チャック・プラットと私は貨物列車に乗り込んだ罪で、アリゾナ州ウィンズローで逮捕され、留置場で十八日間を過ごした。容疑は、「さしたる収入源も目的もなく放浪していた」こと。食パン、豆、オートミールといった留置場食のせいで、釈放時には、二人とも体重が十キロ近く落ちていた。

持ち金は二人合わせてわずか十五セント、外は雪で、警察に与えられた町外退去までの猶予は三十分。だが親か友人に連絡して助けを請《こ》おうとは思わなかった。クライミングによって独立独行の精神を叩き込まれていたからだ。当時は、救助隊などありはしなかった。

数週間後、私は徴兵通知を受け取った。身体検査で不適格になるのを狙って、血圧を上げるために大瓶の醤油を飲みほそうとしたが、気持ち悪くなりすぎて断念した。結局は徴兵され、フォート・オードの基地に送り込まれた。

公権力を嫌悪し、ささやかなクライミング道具のビジネスを廃業に追い込まれて憤っていたことも

韓国人のクライミング仲間とともに、ソウル近郊の仁寿峰（インスボン）をバックに。1963年。**提供：パタゴニア**

あって、陸軍には馴染めなかった。上官の腹づもりでは、職業が「鍛冶屋」なのだから、ゆくゆくはナイキ・ミサイルシステムの整備工にしたかったらしい。基礎訓練を受けたあと、私は地元バーバンクの女の子とあわただしく結婚して、韓国へ送られ、そこで厄介《やっかい》ごとばかり引き起こしていた。

将校への敬礼を「忘れ」、身なりはだらしなく、何度かハンストをやらかし、たいていは精神的に不安定。しかし、いつも軍法会議にかけられないぎりぎりのところで踏みとどまっていた。ついに私は民間人との共同作業場へ出向させられ、仕事といえば、毎日、発電機のスイッチを入れたり切ったりするだけになった。自由時間がたっぷりできたので、若い韓国人クライマー数人と職場を抜け出し、ソウル北部の滑らかな花崗岩ドームや尖鋒《ピナクル》を片端から初登攀していった。

シュイナード・イクイップメント社の誕生

一九六四年、私は奇跡的にも無事に名誉除隊した。帰郷後すぐに離婚し、その足でヨセミテ渓谷に赴《おもむ》いて、チャック・プラット、トム・フロスト、ロイヤル・ロビンスと、エル・キャピタンのノースアメリカン・ウォールを十日間かけて初登攀した。当時はおそらく、そこが世界最難関のビッグウォールだったと思う。その年の秋、私はクライミング道具の製作を再開し、バーバンクのロッキード社の飛行機工場近くにブリキ造りの作業小屋を構えた。また、はじめてのカタログを発行した。商品と価格の一覧が載った一枚きりのガリ版刷りで、いちばん下に、「五月から十一月までは迅速な配送はお約束できません」と、にべもない断り書きが添えてあった。

はじめての「従業員」も雇った――クライミング仲間のレイトン・コール、ゲイリー・ヘミング、ビル・ジョンソン、トニー・ジェッソン、デニス・ヘネックたちだ。仕事の大半は、プレス加工と研磨に、ごく簡単な機械工作。一九六六年、私はベンチュラとサンタバーバラのサーフポイントの近くに住みたくて、バーバンクからベンチュラに引っ越した。廃業した缶詰会社から食肉加工場のブリキ

エル・キャピタンに張り出したノースアメリカン・ウォール。黒ずんだ部分がアメリカ大陸の形に似ていることからこの名がついた。**撮影：トム・フロスト**

造りのボイラー室を借りて作業場にしつらえた。

やがて需要が増え、手作業では間に合わなくなると、より高性能の道具やダイス、機械を導入しはじめた。トムとドリーンのフロスト夫妻と共同でビジネスを行うことにもなった。トムは航空エンジニアで、すばらしいデザイン感覚と審美眼を持っている。ドリーンは経理を担当し、ビジネスの面で手腕を振るった。

上からトム・フロスト、ロイヤル・ロビンス、最下部からちらりとのぞいているのが私。グレートルーフの下でビバーク中。両親は私がクライマーであるとは知っていたが、ある日、夕方のテレビニュースでヘリコプターがエル・キャピタンの岩壁を撮影し、地上600mの高さでハンモックに眠るいかれた連中の顔をアップで映したときに真実を知った。**撮影：チャック・プラット**

フロスト夫妻と共同経営した九年間に、ほぼすべてのクライミング道具のデザインや機能を改良し、より強く軽くシンプルに、しかも機能的にした。私たちの最優先事項は、品質の管理。なにしろ、道

ノースアメリカン・ウォールの17ピッチ目

1964年10月

あっという間に日が暮れる……。例によって、暗闇の中を登らなくてはならない。ひどく神経を使う作業で、ちゃんと結び目を作れたか確かめることさえできない。

プラットがプルージック結びで登ってきて一メートルほど下に待機し、張り出し岩（オーバーハング）の下からぬかるんだ脆い足場に出てきたフロストを引っ張り上げた。みんな神経を尖らせている。トムがすばらしい登りで、記録的な速さでこの危険なピッチのネイリングを完了。グレートルーフに到着し、ボルト一本とピトンを数本打ち込んだ。

私はピトンの回収を担当。完全な暗闇の中、頼れるのは手の感触と、打ち込むハンマーがときどき放つ火花の明かりだけ。やむなくピトンを二本残したままにする。ネイリングで指がウィンナーのように腫れあがって手首も痛いが、それよりなにより、暗闇の中を登るのが怖くてたまらない。

アンカーをもう一カ所設置する。なんとすごい場所に、私たちはいるのだろう――巨大なダイヒードラルで、七、八メートル上にはオーバーハング。下の壁も崖の基部に大きく突き出しているので、いまさら退却は無理だし、上のオーバーハングを越えることができたら、退却はいっそう不可能になる。日付が変わる頃までに、ハンモックを重ねるようにして設置。ロビンスとプラットのハンモックは角の二面に渡してある。しかし、ビバークにはうってつけの場所で、みんなくたくたに疲れてぐっすり眠った。

――イヴォン・シュイナード

ブラック・ダイヒードラル目指してトラバース中（17ピッチ目）。1964年。撮影：トム・フロスト

具が一つでも壊れたら誰かの命を奪いかねないし、私たち自身がいちばんの得意顧客である以上、命を奪われる誰かが自分たちになる可能性も大いにありえたのだ！

私たちのデザインの指針となる原則は、フランスの飛行家、アントワーヌ・ド・サン＝テグジュペリの次の言葉からきている。

バーバンクでの2つ目の工房は開け放しのブリキ小屋にすぎなかったが、私はすでに流れ作業方式を取り入れつつあった。1965年。**提供：パタゴニア**

「飛行機のみならず、人間が作り出したあらゆる物には、ある原理が存在することを考えたことがあるだろうか？　物を作る上での人間の生産活動、計算や予測、図面や青写真を制作するために費やした夜などはすべて、唯一にして究極の原理『シンプリシティ（単純性）』を追求した物ができあがることで完結するということを。

そこに達するには、まるで自然の法則が存在しているかのようだ。つまり、家具、船の竜骨、飛行機の胴体などの曲線を人間の胸や肩の曲線が持つ根源的な純粋さに少しでも近づけようとするために、職人たちは何世代にもわたって試行錯誤を重ねるべきである。何においてであれ『完全』とは、すべてを脱ぎ去り、ありのままの姿に戻ったとき、つまり、加えるべきものがなくなったときにではなく、取り去るものがなくなったときに達成されるのである」

岩壁を見上げつつ、これから行うクライミングの装備を並べたとき、シュイナード・イクイップメント製のものはすぐにわかったからだ。輪郭が最もすっきりしていたからだ。また、最も軽くて、頑丈で、最も多用途だった。他社の設計者たちが何かを付け加えることによって道具の性能向上を図るところを、トム・フロストと私は取り去ることで同じ目的を達成した。プロテクション（墜落を止めるための支点）の強度やレベルを落とすことなく、重量や容積を減らしたのだ。

人手が足りなくなってきたので、次々に友人を雇い入れた。六〇年代半ばには、月七十五ドルでサーフビーチに借りていた私の小さな小屋の二軒隣に、ロジャー・マクディヴィットとその妹のクリスが住んでいた。クリスがまず梱包作業の助手として働きはじめ、やがてロジャーがベトナムから名誉《パープル》戦傷《ハート》勲章を三つひっさげて帰還して、鍛冶職として働き出した。

経済学位を持つロジャーには生まれつきビジネス手腕があり、たちまち作業場からホールセール（卸売り）および直営部門へ移って、最終的には総括責任者《ジェネラル・マネージャー》になった。彼の初仕事は、ボンボンの鋲《びょう》を打ちならすこと。ボンボンとは幅が広いクラック用の大型アングルピトンのことで、鋲の頭をハンマーで打って滑らかにする必要があった。ロジャーは日当たりのいい中庭に、犬やほかの従業員に占拠されていない快適な場所を見つけて、地べたに座りこみ、きれいな丸い頭になるよう細心の注意を払いながら、一日中鋲をハンマーで打ちつづけていた。

クライマーたちがときどき立ち寄っては製品を買っていったが、いつしかロジャーはそうした小売りを担当するようになった。やがてその仕事は、ホールセールにも広がった。私たちの直営小売店第一号は、もう一つの古びたブリキ小屋で、ロジャーの提案により、近辺の農場から拝借してきた古い木の柵

1966年当時、ベンチュラの工房で働いていた仲間たち。左からトム、ドリーン、トニー、デニス、テリー、私、メリル、デイヴィ。**撮影：トム・フロスト**

と、輸入したロープの入っていた箱の木材とを合わせて、店内を古木で装飾した。ロジャーは私たちの会社で最初のジェネラル・マネージャーとなり、四年後に彼が製造部門の責任者に移ったあとは、妹のクリスがその座に就いた。

ロジャーは早くから優れた商才を発揮した。七〇年代初めのある日、まっさらのピトン十箱を店の裏手に持ちだした。ロスト・アロー、バガブー、アングルからなるセットで、いずれもクロムモリブデン鋼製だ。ロジャーはそれらを箱からひと掴《つか》み取り出すと、ロープに一つ一つ取り付け、そのロープをコンクリート舗装の上でずるずる引きずり回しはじめた。いったい何をやっているのかと、私は質問した。

彼の説明は、次のとおり。これは（当時の）イギリス代理店、スコットランドのエディンバラにあるグレアム・ティソ社に輸出する荷物だ。こうして表面を傷めつけたあとは、酢と水を入れた樽に数日間浸して、戸外にしばらく放置し、さびを生じさせる。しかるのちに、くず鉄としてイギリスに輸出すれば、関税を支払う必要がなくなる。

ティソ社のほうでは、これらのピトンを受け取ったら、新品同様になるまで磨いて油を塗り、収入を気にせず好きなアウトドアライフをつきつめて楽しむ「ダートバッグ」のイギリス人クライマーでも買える値段で売るのだと言う。

ロジャーについての特に好きな思い出は、私たちの生活は厳しく、取扱店たちがちゃんと代金を支払ってくれなかった時代のものだ。ある日、さほど金払いの悪くなかった取扱店が新しい注文票を送

この風変わりな工房から、世界一のクライミング道具が生み出されていた。1970年。**撮影：トム・フロスト**

ってきたが、前回までの注文代金が支払い期限後なのに未払いだった。

ロジャーは機械室へとって返して鍛冶場の床からくず鉄やら鉛パイプやらをかき集めると、発送室へ姿を消した。そして、それらを残らず大きな箱に詰め、未払い相当分の商品として代金引換え渡しで送った。数日後、腹を立てた取扱店が文句の電話をかけてくると、ロジャーはすました顔で、これでおあいこではないか、と告げた。以降、相手はまたきちんと金を払ってくれるようになった。ただし、代金引換え渡しのときに限ってだったが。

クリーンクライミングの提唱

一九六八年、私はトムとドリーンにビジネスを任せて、六カ月ほどベンチュラを留守にし、南アメリカに赴いた。アメリカ両大陸の西海岸伝いにサーフィンを堪能しながらリマまで南下し、チリの火山でスキーを楽しんで、アルゼンチンのパタゴニアではフィッツロイ山に登った。翌年はトムが数カ月ヒマラヤに出かけて、ネパールのアンナプルナ南壁を登った。その間は、ドリーンと私がビジネスを引き受けた。

年度末の利益はたいした額ではないので、私たちは働いた時間で報酬を受け取っていた。誰もビジネスそのものを目的にはしていなかった。クライミング・トリップに出かける資金作りのための手段にすぎなかった。

マリンダ・ペノイヤーに出会ったのも、この頃だ。彼女はカリフォルニア州立大学フレズノ校の美

ヨセミテでキャンプするエレン・マリンダ・ペノイヤー。1969年。提供：パタゴニア

術学生にして、ヨセミテロッジの客室メイドであり、そのロッククライミングの腕前は、放浪好きの鍛冶職人かつクライマーの興味を惹きつけるには十分だった。

一九七〇年に結婚したとき、マリンダは高校で美術を教えていたが、ほどなくビジネスにかかわりを持つようになった。五月から十月にかけて、借りている海岸の掘っ建て小屋を持ち主に占拠され、かつどこへも旅していないときは、私たち夫婦は中庭に停めた古いヴァンの後部座席で寝ていた。や

鍛造にいそしむトム・フロストと私。ベンチュラの工房。1970年。**提供：パタゴニア**

がてマリンダが小売り店舗の地下室に住まいをしつらえた。また、彼女はしばらくの間、幼い息子のフレッチャーを背中にくくりつけて店を手伝った。

そうこうする間も、売上げは年々倍増し、とうとう旅がらすのクライミング仲間を雇うだけでは、やっていけなくなった。なにせ彼らはクライミングに出かける金が貯まれば仕事を辞めてしまう。そこでもっと頼りになる従業員として、兵役時代に一緒に登った数名の韓国人クライマーと、メキシコ人数名、そしてアルゼンチン人機械工にして移民帰化局のお尋ね者であるフリオ・ヴァレラを雇い入れた。

売上げはかなりあったが、登山家《アルピニスト》を顧客にしているシュイナード・イクイップメント社の年度末の利益率は一パーセントそこそこだった。頻繁にデザイン変更を行っていたせいで、ふつうは三年から五年かけて償却すべき工具やダイスを、一年きりで廃棄していたからだ。

救いといえば、さしたる競争相手がいなかったことだろう。この市場に参入する物好きは、そういるものではない。

“鉄”の時代にビッグウォール登攀用の道具を分類しているところ。1964年。**提供：パタゴニア**

一九七〇年には、シュイナード・イクイップメント社はアメリカ国内最大のクライミング道具会社になっていた。そしてまた、環境の敵としての道も歩み始めていた。クライミングの人気は次第に高まっていたが、まだコロラド州のエルドラド・キャニオンやニューヨーク州のシャワンガンク山脈、ヨセミテ渓谷といった人気ルートに集中し、同じ壁が何度も登攀の対象になっていた。

もろいクラックでは、打ち込み時、回収時ともに繰り返しハンマーで硬鋼製ピトンを叩いてきたせいで、岩の形がひどく損《そこ》なわれつつあった。エル・キャピタンのノーズルートを登ったとき、その二、三年前の夏には無垢《むく》だった岩が激しく変容しているのを見て、私はげんなりして帰宅した。

フロストと私は、ピトン事業から手を引くことを心に決めた。長年にわたって歩むことになる環境配慮の道への大きな第一歩だった。ピトンはビジネスの主力ではあったが、私たちが愛する岩をこの手で壊していたのだ。

幸いにも、ピトンには代替品があった。ハンマーで打ち込んだり回収したりするのではなく、手でクラックに押し込むことができるアルミ製のくさびだ。イギリス人クライマーがイングランド東部の切り立った岩《クラッグ》で用いていたものだが、稚拙《ちせつ》なつくりだったため、ヨーロッパのほかの国やアメリカでは知名度も信頼度も低かった。私たちは独自の型のもの（ストッパーとヘキセントリック）をデザインして、少しずつ売っていき、一九七二年にシュイナード・イクイップメント社初のカタログに掲載した。

このカタログの冒頭には、ピトンが環境に及ぼす悪影響についての文章を載せた。シエラ山脈を拠点とするクライマー、ダグ・ロビンソンがチョック《チョック》の使用法を説いた十四ページにわたる「クリーンクライミングに関するエッセイ」は、次のような力強い文章で始まっている。

「キーワードは『クリーン』。プロテクションとしてナッツと吊り綱《スリング》（テープやロープをループ状にしたもの）だけを使用して登ることをクリーンクライミングと提唱したい。クライマーにより損なわれていない岩はクリーンであり、ハンマーでピトンを繰り返し打ち込んだり、引き抜いたりせず、次のクライマーがより自然な形で岩を経験できるからクリーンであり、またクライマーのプロテクションがほとんど痕跡を残さないからクリーンである。クリーンとはつまり岩の形状を変えないことであり、人間が本来のクライミングに近づく第一歩でもある」

重さ五百グラム余りのハンマーでピトンを岩に固く打ち込むのに慣れている年配クライマーは抵抗を示したし、若いクライマーは、これまでさんざんビッグウォールの登攀にピトンを使っておきながら、いまになって機械加工されたアルミのちっぽけな「くそナッツ」を使えと求めるのはずるい、と抗議した。

若手クライマーのブルース・カーソンと私は自分たちの主張の正しさを証明するために、エル・キ

クリーンクライミング用のヘキセントリックとストッパーを肩に掛けた“自然人”。1973年。**撮影：トム・フロスト**

ャピタンのノーズルートを再び訪れて、新たにハンマーやピトンを使うことなく、チョックと、「残置」ボルトおよびピトン数個だけで登攀してみせた。

カタログ発送から数カ月後には、ピトン事業はすっかり衰退し、チョックが飛ぶように売れていた。シュイナード・イクイップメント社のブリキ小屋では、落とし槌のたてる規則的な重い音の代わりに、多軸ドリルの治具のかん高い焼けつくような金属音が響くようになった。

マリンダ、息子のフレッチャー、私。ヨセミテ。1975年。左にエル・キャピタンのノーズルートが優美な輪郭を浮かび上がらせている。**提供：パタゴニア**

草原のカウボーイ、ガウチョの売店（プエスト）でのキャンプ。アルゼンチンのパタゴニア、パソ・デル・ビエント。1972年。
撮影：ダグ・トンプキンス

衣料品販売を開始

次に、衣料品に関する最初のアイデアを思いついた。六〇年代の終わり頃、イングランドのピーク地方でのクラッグ・クライミングのあと、私はランカシャーの古い紡績工場に立ち寄った。とても重たい丈夫なコーデュロイの布をいまだ現役で作っている世界最後の機械があり、なんでもその歴史は、

古いホブソン・アンド・スミス缶詰工場の地下室が豪雨で浸水したあと、在庫のラグビー・シャツとクライミング用ロープを干しているところ。1969年。**提供：パタゴニア**

水力を動力源にしていた産業革命の時代にまで遡《さかのぼ》るという。

まだデニムが登場していなかった当時、作業ズボンはふつう、起毛した畝《うね》で基布を摩耗や切断から守るコーデュロイで作られていた。この耐久性のある布はクライミングにうってつけではないか、と私は考えた。布地を注文し、ニッカーボッカーと、尻の部分が二重になったショーツをいくつか作らせてみた。クライミング仲間の受けがよかったので、追加の注文を入れた。

私たちがコーデュロイの追加注文をするたびに、七人の男たちが隠退生活から抜け出して、工場の機械を始動させてくれた。コーデュロイの畝を刻む何百ものナイフの刃が切れなくなったら、これを研《と》ぐには金がかかりすぎるので、機械はもう動かせないだろうと警告されていた。結局、ニッカーボッカーとショーツは少量ながらも堅実に売れつづけ、十年経ったところでついにナイフが切れなくなり、織機は現役を退いたのだった。

次に浮かんだ衣料品に関するアイデアは、みごとに花開いた。六〇年代後半、男性は明るく色彩豊かな服を着ていなかった。「活動的なスポーツウェア」は、ベーシックなグレーのスウェット・シャツとパンツであり、ヨセミテで一般的なクライミング用の服装は、膝上で切ったタン（黄褐色）のチノパンツと白いワイシャツで、どちらも古着屋で買うのが通常だった。

ところが一九七〇年の冬、スコットランドへクライミング・トリップに出かけた私は、あるチームの公式ラグビー・シャツをロッククライミングに最適だと考え、自分用に一着買った。ラグビーの荒々しい動きにも耐えうる頑丈なつくり、スリングでこすれて首が傷つくのを防いでくれそうな襟。

二回目に香港を訪れたときのこと。オーガストムーン・ホテルの小さなバーで、サンミゲル片手に暑さをやり過ごしているところに、そのテレックスが届いた。このホテルは眠そうな老犬みたいな場所で、客を放っておいてくれる点が、気に入っていた。

唯一エアコンのある場所はこのバーだし、ルームサービスのビールはお茶より熱いときていたから、私はかなりの時間、幸運のしるしの鯉が水槽内を泳ぎ回るのを眺めて過ごしていた。

イヴォンが布きれについていくつか名案を思いついたのを機に、会社は衣類を作りはじめたが、正直な話、ボンボン（ピトンの一種）から手を引いたせいでじりじり破産しかかっていた。私はといえば、蒸し暑い小さな工房で、スタンド・アップ・ショーツ、ラグビー・シャツ、クライミング・パンツを作っていた——シュイナード・イクイップメントという社名のとおり、登山家（アルピニスト）のための装備（イクイップメント）として。

ウエイトレスの女の子がカウンターにテレックスを置いた。汗をかいたグラスのまわりにできた水たまりに浸かって溶けはじめていたが、このまま分厚いマホガニーに染み込んでもかまいやしない、という気分になった。このところ、知らせという知らせは悪いものばかり。どうせこのテレックスだって、ろくでもない内容なんだろう。私は景気づけにビールをもう一杯頼むと、水浸しのテレックスをつまみ上げ、水槽のほうにかざした。

行商人のボスであるヴィンセントからだった。女性向けスポーツウェアのバイヤーがうちの服に目をとめて、「醜くない」色で女性サイズのスタンド・アップ・ショーツを作ってくれないかと言ってきたという。一瞬、鯉に頭をぶちのめされたような気がした。スポーツウェアなんかくそくらえだ。カーキ色のどこが醜いんだ？　私はキニーネ水を注文した。マラリアを退治してくれるなら、スポーツウェアだって退治してくれるかもしれない、そんなふうに考えて。

バーにいるのは、私と鯉とバーテンだけだった。「アルピニストのための装備」の世界が、パステルカラーに冒されようとしている。これからは、アーガイル柄の靴下と妙な形の靴を履かなくてはならないのか？　フラットトップは消える運命なのか？

ビールのせいかもしれない。もしくは、壁にかかった書画のせいかもしれない。私は開き直った。自分たちは衣類を作り、一部の人間はそれをスポーツウェアと呼ぶだろうが、かまうものか。自分たちはあくまで装備だと思っていればいい。知っているのは、装備の作り方だけなのだから。

この語義上の難所を通り過ぎれば、あとは楽だった。私は布と糸で装備を作り、いまもまだフラットトップを使っている。材料がコットンであろうが、鋼材、鋲、糸であろうが、私にとっては同じことなのだ。

——ロジャー・マクディヴィット（一九八一年のパタゴニアのカタログより）

色は青で、胸に赤、黄、赤と横線が三本並んでいる。帰国後、あちこちの山で着ていたら、どこへ行けば手に入るのかとクライミング仲間から口々にたずねられた。

そこでイングランドのアンブロ社にラグビー・シャツを数点注文すると、たちまち売れてしまった。入荷が追いつかなかったので、ほどなくニュージーランドとアルゼンチンからも仕入れることにした。やがて私は、こうした衣料品の販売を、ほとんど儲けのない道具事業を支える手段の一つと考えるようになった。当時、私たちの会社はクライミング道具市場で約七五パーセントのシェアがあったが、まだたいした利益は出ていなかったのだ。

金物屋が作る衣料品

一九七二年、私たちは隣の廃業した食肉加工工場を譲り受け、その古いオフィスを直営店に改装した。製品ラインには、新たにスコットランド製のポリウレタン加工したカグール（フード付きアノラック）とビバークサック（非常時の露営用寝袋）、オーストリア製ボイルドウールのグローブにミトン、コロラド州ボールダーから取り寄せた手編みのリバーシブル「スキゾ」ハットを加えた。さらにトム・フロストがバックパックのデザインを数点考案したため、かつての食肉加工所のロフトでは縫製作業が全面展開されることになった。

ある日、私はそのロフトで自分用に、尻の部分を二重にして巨大な後ろポケットを付けたボマーショーツを作った。型を引いて布を裁つと、作業長のチューンオク・サン・ウーの新妻、ヨン・サンがそれを縫《ぬ》い合わせてくれた。

布地は園芸用品に使うキャンバス・ダック。糸を通すには、袋に革のワッペンを縫い付けるウォーキングフット（押さえの一種）付きミシンを使わなくてはならなかった。できあがると、彼女はそれを机に載せて、支えなしに「立っている《スタンド・アップ》」ことを笑った。それでも手荒く着て、十回、二十回と洗濯を重ねるうちに、繊維が柔らかくなり、実に快適な着心地に変わった。

すぐにこれは、衣料品部門の売上げ第二位になった。いまも「スタンド・アップ・ショーツ」という製品はあるが、もう少し柔らかい素材で作られている。

私が衣料品についてアイデアを出す一方で、トム・フロストと、クライミング仲間のピート・カーマンの二人がバックパックに関する名案を思いついた。スキーやクライミング用のオーバーナイト・サイズのラップアラウンド型インターナルフレームパック第一号「ウルティマ・トゥーレ」と、耐久性の高いロッククライミング用のバックパック数種類だ（そのうちの一つは、妙な匂いのする頑丈な生地でできていたため、「フィッシュ・パック」と名づけた）。

これらのバックパックはすぐさま『バックパッカー』誌にこきおろされた。当時標準だったケルティー社のフレーム・バックパックに比べると、先鋭的すぎる、と言うのだ。その論評の締めくくりは「金物屋の縫うものに何が期待できようか?」だった。

確かに、私たちは縫製に関しては素人かもしれないが、優秀な鍛冶職人のあるべき資質として、機能的で、丈夫で、シンプルな製品の作り方なら知っている。実際、バックパックの売れ行きはよくなかったが、顧客は私たちのシンプルな「手作業で鍛造した」衣料品に好意的な反応を示してくれた。

パタゴニアの誕生——そして最初の失敗

衣料品のアイテムが増えるにつれ（たとえばウールのシャモニー・ガイド・セーターや、伝統的な地中海風のセーラー・シャツ、キャンバス地のパンツとシャツ、機能的製品の一つでゴアテックスの前身にあたる「フォームバック」を使用したレインウェアなど）、ブランド名をつける必要が出てきた。「シュイナード」という案が、最初に出された。すでにイメージのいい名称があるのだから、なにも一から始めなくてもいいというわけだ。

だが、二つの理由からそれは却下された。一つは、この名前で衣料品を作ることで、クライミング道具会社としてのシュイナード・イクイップメント社のイメージを弱めたくなかったこと。二つ目は、山登り用の衣料品だけという印象を持たれたくなかったこと。私たちはより大きな展望を描いていたのだ。

「パタゴニア」という名称が、やがて候補にあがった。当時は特にそうだったが、おおかたの人にとって、この地名には「ティンブクトゥ」や「シャングリラ」と同じ響きがあった——どこにあるのかよくわからないけれど、遥か彼方《かなた》の興味をそそられる場所。以前カタログの序文に書いたとおりの情景、「フィヨルドに流れこむ氷河、風にさらされた鋭い頂き、ガウチョ、コンドルが飛び交う空想的

商標の着想を得た風景。パタゴニアのフィッツロイ山の稜線。**撮影：バーバラ・ローエル**

な風景」を思い起こさせた。しかも私たちの目的は、こうした南アンデスやケープホーンの厳しい環境に適したウェアを作ること。まさにぴったりであり、しかも、どの国の言葉でも正しく発音してもらえる名称だ。

一九七三年には、現実のパタゴニアとの関連を強めるため、「風の吹き荒れる空、フィッツロイ山の輪郭をもとにしたぎざぎざの稜線、青い海」を描いた商標マークを考案した。

ところが、そのマークをつけた最初の製品の一つに、あやうく倒産に追い込まれそうになった。

ラグビー・シャツが、隠れた人気商品として登山用品店の売上げを急増させはじめていた。これらの店は、私たちと素性が同じで、ビジネス知識のほとんどないクライマーやバックパッカーが自活の手段として始めた店だ。

創業時は、学生の間でビブラム底の登山靴を履いて授業に出たり、街中でダウン・ジャケットを着たりする流行が生まれたおかげで、予期せぬ成長に恵まれた。

ビジネス急成長中！　1974年の従業員たち。**撮影：トム・フロスト**

そして今度は、ラグビー・シャツによって、新たな顧客層が呼び込まれつつあった。しかし残念ながら、取り込みきれない状態だった。増えつづける需要に供給が追いつかなかったのだ。

そこで一九七四年、私たちは大きな一歩を踏み出し、香港の縫製工場と直に契約を結んで、八種類の色のシャツを月に三千着作らせることにした。

結果的には、大失敗だった。出荷は遅れ、お粗末そのものの品質。もっぱらいままで最新流行の服を作ってきたせいか、材料の糸が細すぎるし、シャツはおそろしく縮むしで、中には七分袖になっているものもあった。原価割れで売れるだけ売って凌《しの》いだが、すんでのところで会社を失うところだった。急成長を遂げていたものの利益はまださほどなかったので、資金繰りがひどく苦しかったのだ。

道具の在庫管理についてはノウハウがあった。棒鋼やアルミ棒は床に転がっているか加工中のどちらかで、製品用の箱を覗きさえすれば在庫数がすぐにわかった。自分のところで作らない金属製品は、信頼できる製造元から輸入し、フロストと私が自らカラビナやチョックを使用して欠陥の有無を確かめていた。

だが、衣料品に関しては勝手が違った。生地は、世界中に散らばる製造元や工場に数カ月前から注文しておかなくてはならない。基本的な欠陥はあらかじめ調べられるが、色落ちや縮みについては未知数だ。私たちは痛い思いをして、鍛冶場のきりもりと衣料ビジネスには大きな違いがあることを学んだのだった。

新たなスタート

不良品のラグビー・シャツに銀行口座の蓄えを食いつぶされるかたわら、私たちは銀行家との退屈な昼食会を数えきれないほどこなし、本当は金に窮しているわけではないことを信じさせようとしていた。それが、銀行側が資金を貸す際の最低基準だったのだ。

ある地元のファーマーズ・バンク（主に農業従事者のための銀行）は、原材料の供給元が世界中に散らばっているという理由で、金を貸してくれなかった。すべて一カ所に集まっていないとだめだと言うのだ（サイロではあるまいし！）。あるときは、見かねた会計士から、ロサンゼルスにある金利二十八パーセントをふっかけるマフィアがらみの金貸しを紹介されたことさえあった。

マリンダと私はクレジットで何かを買ったことは一度もなく、それはフロスト夫妻も同様だった。ビジネスでもずっと期限を守って代金を払ってきたので、納入業者に支払いを延ばしてもらうのは身

パタゴニアのジェネラル・マネージャーおよびCEOを13年間務めたクリス・マクディヴィット。ベンチュラのサーファーズポイント。1985年。**提供：パタゴニア**

を切られる思いだった。フロスト夫妻も私たち夫妻も、胃痛と眠れぬ夜をいやというほど味わった。

ビジネスをめぐる緊張が高まり、ついに一九七五年の末日、私たちは共同経営を解消した。フロスト夫妻はコロラド州ボールダーに引っ越して写真機材事業を始め、残されたマリンダと私は、あっぷあっぷ状態のクライミング道具および衣料ビジネスの単独所有者となった。

フロスト夫妻が去ったのを機に、彼らの選んだジェネラル・マネージャーが私たちの選んだ人材に置き代わり、そして一九七九年、クリス・マクディヴィットがその座を引き継いだ。数多くの難局の一つというタイミングで職に就いたわけだが、彼女は実に飲み込みが早かった。

私たちの会社はようやく、オーナーの気まぐれな創造性を理解できるジェネラル・マネージャーを迎えたのだ。クリスは条件のいい融資を取りつけ、販売部門のやる気を引き出し、納入業者を手なずけて独占契約を結ばせ、迷える従業員たちの母親代わりを務め、誰とでも親しくなれる能力と演出の才を駆使して全社の結束力を高めた。
また、デザイン・アート部門を厳しく監督して、パタゴニアのイメージを確立し、これを全力で守った。私を心から信頼してくれて、どんなに突飛《とっぴ》な発案をしようと、彼女だけはそれを突飛に思わなかった――非現実的であることが証明されるまでは。社交術に長《た》けていて、私の過激な発案をなぜまじめに検討しなくてはならないのかをみんなに説くことができたし、たとえできないときでも、うま

クリス・マクディヴィット

ロジャー・マクディヴィットの妹、クリスは、高校生時代、反抗的な態度を示しては教師をひどく怒らせていた。ビーチによく行っていたこともあり、毎日裸足で登校したが、そのたびに靴を履くまで戻って来るなと怒られた。あの手この手でなんとか規則逃れを試み、あるときは、革の靴ひもを足に巻きつけてサンダルだと言いはった。

卒業するとき、彼女の両親はカウンセラーから「クリスティンを大学へやろうとしているようですが――無駄なことは、おやめなさい」と忠告されたという。大学ではスキーのダウンヒルに没頭し、自分がなんの学位を取ったのかよくわからないまま卒業し、ずいぶん経って講演のために母校を訪れたときようやく、はっきり認識した。

彼女はパタゴニアのジェネラル・マネージャーとCEO（最高経営責任者）を十三年間務めた。一九九四年に退職し、私の友人、ダグ・トンプキンスと結婚した。夫婦で南アメリカへ移住して、チリとアルゼンチンに八十万ヘクタール近くの原生自然公園を作る活動にあたっている。

――イヴォン・シュイナード

く私をなだめてその案を忘れさせてくれた。

数年前のあるインタビューで、クリスは当時の状況を振り返ってこう話し、彼女を信頼して会社の舵取りを任せたのは正解だったことを証明した。


「一九七二年当時、社員はわずか五人でした。一九七七年には十六人に増え、兄がジェネラル・マネージャーを務めていました。一九七九年に兄はその任を辞しましたが、イヴォンは経営に携わりたがりませんでした――彼がやりたかったのは、クライミングをしたり、サーフィンに興じたり、といったことでした。

そこで彼は私に会社を預けました。いわば、こう告げたのです。

『さあ、これがパタゴニアで、これがシュイナード・イクイップメントだ。君の好きなようにするがいい。私はクライミングに出かける』

私には企業経営の経験がなかったので、人々に無償の助言を請いはじめました。銀行の頭取に電話をかけて『これらの会社の経営を任されたのですが、どうすればいいのかわかりません。誰かの力添えが必要なんです』と言いました。

みんな快く応じてくれました。こちらが助言を求めさえすれば――何も知らないことを認めさえすれば――熱心に手を差しのべてくれるものです。そんなふうにして、私は会社を築いていきました。実のところ、イヴォンの会社に対するビジョンと目標を通訳していたにすぎないのです」

「おれはおれのやり方でやる」

私はそれまでずっと、企業家を自認するのをあえて避けてきた。私はクライマーであり、サーファー、カヤッカー、スキーヤーであり、そして鍛冶職人だ。ただ単に、私や仲間がほしいと思う性能のいい道具や機能的なウェアの製作を楽しんでいるだけ。マリンダと私の個人資産はといえば、フォードのおんぼろヴァンと、多額の抵当に入れられていまにも借金の形《かた》に取られそうな海辺の小屋だけだった。ところがいまや、所有する企業は多額の他人資本を受け入れ、従業員とその家族みんなの生活が、自分たちの成功にかかっていた。

自らの責任と金融債務についてじっくり考えた結果、ふいに、自分が企業家であり、おそらくこれから長い間、企業家でありつづけなくてはならないことを悟った。また、このゲームに勝つには、真《し》摯《し》な姿勢で取り組む必要があることも。

しかし、と同時に、一般的なビジネス慣習に従っていては、決して自分は幸せになれないこともわかっていた。機内誌の広告に登場する青白い顔をしたスーツ姿の屍《しかばね》から、できるだけ遠くに身を置きたいと思った。企業家にならざるをえないなら、自分なりの方法でなろう、と。

企業家精神に関するお気に入りの言い習わしに、「企業家を理解したいなら、非行少年を観察せよ」という言葉がある。非行少年は行動でもって「こんなの、くだらねえ。おれはおれのやり方でやる」と言っている。一度たりとも企業家になりたいと思ったことのない私には、企業家でありつづけるために、しかるべき理由が必要だった。

また、いかに真摯に取り組んだとしても、一つだけ、どうしても変えたくないことがあった――仕事は毎日、楽しめなくてはならない。会社に来るときはウキウキと、階段も一段飛ばしで駆けあがるようでなくてはならない。一緒に働く友人たちには、好きな服装でいてもらう。裸足でも可。誰もがフレックスタイムで働いて、波のいいときはサーフィンを楽しみ、猛吹雪のあとはスキーで粉雪《パウダー》を堪能し、子どもが病気になれば仕事を休んで看病する。仕事と遊びと家庭の境界線をはっきり引かないでおく。

一般的な慣習を破って自分なりの制度を打ち立てることは、経営の創造的な面であり、ひときわ充足感の得られる仕事だ。とはいえ、私はなんの下調べもせずやみくもに飛びつくような人間ではない。

一例を挙げれば、一九七八年に出版したアイスクライミング技術に関する本は、完成までに十二年かかった。これほどの歳月が必要だったのは、山岳登攀《アルパインクライミング》を行う主要国すべてを訪れ、実際に現地の雪山と氷壁を登って実態を調べた上で、統一された技術を導き出そうとしたからだ。この自著 *Climbing Ice*（邦題『アイスクライミング』山と溪谷社）の序文に、私はこう記している。

「七〇年代まで、雪山および氷河登山を実施する国は、二つの方式に分かれていた。土踏まずだけにクランポン（アイゼン）をつける方法（いわゆるフランス式）と、つま先部分のクランポンで登っていく方法だ。どちらの流派にも同じだけ利点はあるが、どちらも相手の技術の価値を認めようとしなかった。一つの技術だけで登りきることはできる――いまだに多くの人がそうしている――が、最も効率的な方法ではないし、おもしろさの幅も限られてくる。言ってみれば、ダンスを一つしか知らないのと同じだ。曲が変わったとき、まだ踊りつづけてはいても、リズムは狂っている。こういった場合にはたいていそうだが、本当の答えは両者の中間にある。現在、優秀なクライマーはみんな、両方のクランポン技術を身につけ、実際に用いている」

フランス流テクニック「ピオーレ・ラマセ」の実演。自著*Climbing Ice*の執筆に携わっていたとき、逼迫した家計の足しにするために、数年間、雪上および氷上のテクニックを教えていた。技術を伝える方法を学ぶには、実際に教えるのが一番だと思ったからでもある。講義を重ねるたびに、より少ない言葉でテクニックを伝えられるようになった。**撮影：レイ・コンクリン**

ダグ・トンプキンス（左）とロイヤル・ロビンス。**提供：パタゴニア**

ビジネス知識の探究においても、私は同様の姿勢で取り組んだ。数年かけてビジネスに関する本を読みあさり、私たちに適切な理念《フィロソフィ》を探した。とりわけ、日本やスカンジナビア諸国の経営スタイルを説いた本に関心を向けた。アメリカのビジネス手法は、数多くある道の一つにすぎないことを知っていたからだ。

アメリカには、模範にしたい企業は見当たらなかった。規模が大きく保守的すぎて参考にならないか、同じ価値観を持っていないかのどちらかだった。ところが、ただ一つ、友人であるダグ、スージーのトンプキンス夫妻が経営するエスプリ社だけは、反骨精神旺盛で私たちと共通する価値観を持っていた。

ダグはクライミングとサーフィンの仲間で、六〇年代にサンフランシスコでザ・ノース・フェイス社を創業し、一九六四年頃に私たちの道具類の卸売りを引き受けてくれたのをきっかけに知り合った。

「ドゥ・ボーイズ」の仲間たち。３日かけてはじめてイエローストーン川のクラークス・フォークを下ったあと。ダグ・トンプキンス、ロブ・レッサー、ジョン・ワッソン、私、レグ・レイク。1986年。**撮影：ダグ・トンプキンス**

ほかならぬこのダグが、ザ・ノース・フェイス社を売り払ったあとの一九六八年に、遙か遠くのチリとアルゼンチンにまたがる地域、パタゴニアに連れていってくれたのであり、私たちがその旅に出ている間に、スージーが友人の一人と始めたプレイン・ジェーン社が、のちにエスプリ社となった。

ダグもまた公権力を腹の底から嫌っていて、日頃から規則を破ることを楽しんでいた。エスプリ社は私たちの会社よりもかなり大きく、すでに成長にともなう数多くの問題にぶつかって解決していたので、初めの頃は非常に参考になった。

このダグ・トンプキンスと、ロイヤル・ロビンス、レグ・レイクといった人々が、ホワイトウォーターカヤック（カヤックを使った急流下り）を教えてくれた。私たちは「ドゥ・ボーイズ」を名乗った。日本人が「アクティブ・スポーツ」を間違って、「ドゥ・スポーツ」と訳していることに由来する名称だ。

はじめて彼らとシエラネバダ山脈南部に出かけた旅は、例によって、とんでもない強行軍だった。私にとってはカヤック初体験となる日にスタニスラウス川の難易度クラス3の区間を下り、二日目にはマーセッド川下流のクラス4の区間を、三日目にはトゥオルミ川のクラス5の支流を下る、といった具合で十二日間が過ぎた。

この旅を終えたとき、私は顔に十五針を縫う傷を負い、背中の痛みもひどかったので、ヒッチハイカーを拾って運転の代行を頼んで帰宅した。とはいえ、これがまだガイドもアウトドアスクールも指導書もなかった当時、危険をともなうスポーツを学ぶ一般的なやり方だった。

理想の素材を求めて

私は日頃から、「八十パーセント人間」を自認している。スポーツなり活動なりにひたむきな情熱を傾けるが、それも熟達度八十パーセントに達するまでの話。そこから先に必要とされる情熱と習熟は、私の性には合わない。ひとたび八十パーセントに達すると、さっさとやめて、まったく別の何かに鞍替えしてしまう。パタゴニアの製品ラインが多岐にわたっている理由は、おそらくこれだろう。そして多用途、多機能のウェアが最も成功している理由も同じだ。

最初の大きな資金繰りの危機を（なんとか銀行からリボルビング・クレジットを取りつけて）乗り越えたあとは、多機能のテクニカル・ウェアが、私たちの新しい主力製品となった。最初のテクニカル・ウェアはフォームバック・ジャケットで、内部がひどく結露する当時のポリウレタン製レインウェアを進化させたものだ。ナイロン製の基布に発泡体とスクリム生地の薄い層をあてて保温力を向上させ、結露を減らした。私たちはこのデザインを機に、気まぐれな天候に命を奪われかねない山岳地

ドゥ・ボーイズ

ドゥ・ボーイズの「会員」には、冒険「投資家」にして現在はパタゴニアのマーケティング兼環境部門担当副社長のリック・リッジウェイと、NBCのニュースキャスター、トム・ブローコーがいる。『ライフ』誌のインタビューで、トムは初アイスクライミングで得た教訓を次のように語った。

――最も辛かったクライミングを一つだけ挙げるとしたら？

たぶん、［パタゴニア創業者の］イヴォン・シュイナードら友人と、レーニア山のカウツ氷河を登ったときだろうね。それまで一度もアイスクライミングをしたことがなかったのに、あいつらは、クランポン（アイゼン）とピッケルの使い方を三十秒ほど講義してくれただけ。途中、おそろしく急勾配の薄氷面に差しかかったんだが、これが足を滑らせたら一気に三百メートル下まで落ちていきそうな場所だった。イヴォンに「ロープを使うべきだ」と言うと、「とんでもない。万一おまえが落ちたら、おれも道連れになるなんて、ごめんだね。こいつは、ニューヨークでタクシーをつかまえるようなもんさ。自分だけが頼りの世界なんだ」という答えが返ってきた。［イヴォンの］友人になったおかげで、多くのことを学んだよ……。彼はものごとを新しい目で見させてくれるんだ。

――『ライフ』二〇〇四年一一月二六日号より

帯で何を着るべきかという、より大きな命題に取り組むこととなった。
登山界全体が、綿《コットン》、羊毛《ウール》、羽毛《ダウン》という従来の水分を吸ってしまう素材の重ね着《レイヤリング》に頼っていた当時、私たちは別の方向から着想を得て、そこに防護力《プロテクション》を探し求めようとしていた。北大西洋の漁師の定番、化学繊維パイルのセーターこそ、保温性はあるが水分は吸わない理想的な山岳用セーターになるのではないか、と考えていた。

それを証明するためには素材が必要だが、それを見つけるのは容易ではなかった。ようやく一九七六年、マリンダが直感に導かれてロサンゼルスのカリフォルニア・マーチャンダイズ・マートへ車を走らせ、モルデン・ミルズ社のブースで目当ての素材を見つけた。この会社は人工毛皮コート市場の崩壊による破綻から再建を図っているところで、在庫を安値で放出していたのだ。

私たちは生地を縫い合わせてセーターを数着作り、山岳におけるさまざまな環境で実地試験《フィールドテスト》を行った。このポリエステル生地は驚くほど暖かく、シェル（アウタージャケット）と重ね合わせると特に効果的だった。濡れても保温性を保ち、乾きが早いため、クライマーが着用するレイヤリングの枚数を減らせる。私たちのパイルウェア第一号は、便座カバー用の布地から作られ、糊づけのせいでごわごわしていた。

生地を特注できるほど多くの注文を取りつけられなかったので、モルデン社の在庫を利用するしかなかったが、その色合いは、醜いタン（黄褐色）に負けず劣らずおぞましいパウダーブルー（淡青色）。シカゴの見本市にジャケットを出展したところ、あるバイヤーがそれを指さして、販売員のテック

トム・ブローコー。ワシントン州レーニア山。
撮影：リック・リッジウェイ

ス・ブーシェーに、なんの毛皮でできているのかとたずねた。「貴重なシベリアン・ブループードルの毛皮でございます」と、テックスはすまして答えた。色はさえないし、着るとすぐに毛玉だらけになったが、このパイルジャケットはたちまちアウトドアの定番となった。

とはいえ、速乾性のある保温用ウェアを、体の水分を吸って冷たくなるコットンのアンダーウェアの上に重ねても、たいして意味はない。そこで一九八〇年に、保温効果のある長袖のアンダーウェアを開発した。素材は、比重がきわめて低く水分をまったく吸収しない合成繊維、ポリプロピレン。水に浮く船舶用ロープなど産業資材に使われていたもので、はじめて衣料品に用いられたのは、使い捨ておむつの不織シートとしてだった。吸湿発散性があるおかげで、赤ちゃんの肌から水分を吸いあげて外側の吸収材に移し、お尻をさらさらに保てるのだ。

すでにノルウェーの企業が、肌の汗を吸湿発散するポリプロピレン製の薄い伸縮性ニットのアンダーウェアを開発していたが、一つ大きな弱点があった——薄くて多孔性のため、保温力がほとんどなかったのだ。私たちのニット生地は、厚みと柔らかさをもたせるために内側を起毛させたおかげで、四倍の厚みがあった。

さらなる探求と開発

この新しいアンダーウェアの機能を一連のシステムのベースとして、私たちはカタログのエッセイを通じ、企業としてははじめてアウトドア界にレイヤリングのなんたるかを説いた。下着《インナー》は肌から出る水分を外へ出すために、中間のパイル地は保温のために、外側《アウター》のシェルは風雨から体を守るために着るのだと説明した。

この布教には効果があった。ほどなく、山ではコットンやウールを見かけなくなり、ストライプのポリプロピレン製アンダーウェアの上にレイヤリングした毛玉だらけのパウダーブルーやタンのセーターが、目につきはじめた。

パイル生地のイメージ写真の中でもお気に入りの１枚。**撮影：ゲリー・ビンガム**

しかしパイルと同じく、ポリプロピレンにも問題があった。融点がきわめて低かったのだ。そのせいで、家庭用よりもたいていは高温になるコインランドリー用乾燥機の使用中に、アンダーウェアが溶けてしまうという事故が多発した。

しかもポリプロピレンは疎水性の素材で水を弾《はじ》くため、汚れを完全に落とすのが難しく、臭いが残った。あとでわかったことだが、吸湿発散性は生地本来のものではなく、紡織のときに用いられる油性物のおかげだったので、二十回ほども洗うと効果がすっかり消えてしまった。

パイル、ポリプロピレンともにたちまち人気製品になり、さしたる競争相手もまだ出現していなかったが、私たちは発売当初から双方の製品の品質を向上させ、問題点を克服することに力を注いだ。

パイルの改良は、段階的に行われた。モルデン社と密に協力し合って、まずは毛玉の生じにくい柔らかな模造ウール「バンティング」を開発した。最終的には、より柔らかくてまったく毛玉を生じない両面起毛の生地「シンチラ」を作りあげた。

このシンチラの開発を通して、ビジネスにおける重要な教訓も学んだ。モルデン・ミルズ社のほうが金融資本の調達力に長けていたおかげで、数多くの技術革新が可能になったわけだが、私たちが積極的に研究開発の方向づけをしなかったら、この生地は生まれていなかっただろう。

以降、私たちは自社の研究やデザイン部門に多額の投資を行い、とりわけ素材研究所と素材開発部門は、業界の羨望《せんぼう》の的となった。紡績会社がこぞって共同研究を行いたいと言ってきた。パタゴニアの協力があれば、より優れた生地を開発できることがわかっていたからだ。

シンチラの開発と同じ年にポリプロピレンの代替品も生まれたが、こちらは紡績会社との共同開発の産物ではなく、まったく思いがけないところから出現した。名案は、目的意識をはっきりさせて次の製品に関する展望をしっかり持てば、自ずと湧き出てくるものだ。

一九八四年、シカゴのスポーツ用品展示会を回っていたとき、ポリエステルのフットボール用ジャージについた芝生のしみを洗い落とす実演を目にした。ポリプロピレンやポリエステルなどの合成繊維は、溶解プラスチック樹脂をダイスから押し出すようにして細長い糸状に作りあげたものだ。表面がきわめて滑らかなので、布地にした場合、ふつうに洗っても洗剤や水を弾いてしまい、汚れがうまく落ちない。

このフットボール用ジャージの製造元であるミルケン社は、繊維の表面に恒久的な刻み加工を施して親水性をもたせる方法を編み出した。つまり、水に馴染みやすくしたわけだ。二種類のポリエステル繊維の違いは、ガラスの上に落とした水滴を思い浮かべれば、すぐにわかるだろう。滑らかなガラスの上では水滴のままとどまるが、刻みを施したエッチングガラスでは、水滴は広がっていく。「フットボール用ジャージにはもったいない」と、私は思った。アンダーウェアにうってつけの繊維ではないか。ポリエステルの融点はかなり高いので、乾燥機にかけても大丈夫だろうし、刻み加工によって水分を外に出す機能が非常に増すはずだ。しかも、繊維そのものは水分を吸収も保持もしないので乾きが早い。

保守的な従業員たちは、この新素材「キャプリーン」の導入を段階的にゆっくり行いたがった。なにしろ、ちょうど同じ頃、シンチラを製品化したばかりだし、当時、ポリプロピレンとバンティング・フリースの二つで売上げの七十パーセントを占めていたのだ。だが、先行きがはっきり見通せないからといって、行動をためらうのはよくない。段階的に製品を導入した場合、新発想の先駆けとなる強みが失われるので、かえってリスクは増す。

優れた製品だという確信があったし、市場も知っていたので、ポリプロピレン製アンダーウェアの全製品を次々にこの新しいキャプリーンに移行した。常連の固定客はキャプリーンとシンチラの長所にたちまち気づいてくれて、売上げが急増した。かたやほかの企業は、ようやくバンティングとポリプロピレンの模倣品を導入したばかりで、大あわてで後を追ってくるはめになった。

目覚ましい飛躍

競争はいつも激しかったが、私たちはどうにか製品を革新、改良しつづけた。そして八〇年代の初めに、再び大転換を果たした。当時、アウトドア製品の色はすべてタンかフォレストグリーン（深緑色）か、派手といってもせいぜいラスト（赤褐色）だったのに、コバルト、ティール（濃い青緑）、フレンチレッド（鮮やかな赤）、マンゴー（鮮やかな黄色）、シーフォーム（青みがかった緑）、アイスモカ（ピンクがかった茶色）といった鮮やかな色を導入したのだ。

パタゴニアのウェアは頑丈さを保ちながらも、おとなしい外見から人目を引く華々しい姿に変身した。その効果はてきめんで、業界のほかの企業は、追いつくのに十年近く費やすこととなった。派手な色彩がたちまち人気になり、シンチラなどのテクニカル素材が人々の心を惹きつけたおかげで、私たちの運勢はめざましく上向いた。

パタゴニアのロゴマークは以前のラグビー・シャツに負けず劣らずもてはやされ、その人気はアウトドア業界を超えて、ファッション性を重視する消費者層にまで広がった。販売活動においてもカタログでも、筋金入りのアウトドア愛好者を対象にウェアをレイヤリングすることの機能的な利点を熱心に説いた。最もよく売れたのは、最も機能性を追求していない製品——バギーズ素材のビーチショーツとボマー・スタイルのシェル付きシンチラ・ジャケットだった。

八〇年代半ばから一九九〇年にかけて、売上げは二千万ドルから一億ドルへと跳ねあがった。利益は会社に納めたので、マリンダと私個人としては裕福になったわけではないが、さまざまな点で、この成長には胸躍らされた。暇をもてあますことはありえなかった。新しく入社してきた人々は、たとえ最初は直営店や配送センターで最低賃金の仕事をしていても、すぐに給与の高い職に昇進することができた。

いくつかのポストについてはヘッドハンティングを行い、アパレル業界とアウトドア業界の中から逸材を集めたが、新しい従業員の大半は、定着してどんどん広がっていく口コミ網を通じてやってきた。仕事に空きができると、それが従業員の友人に知らされて、さらにそこから友人の友人へ、親戚へと伝えられていった。

独自の文化から生まれた変革

パタゴニアは成長したが、その間も会社独自の文化的価値観はさまざまな点で保たれていた。従業員はまだウキウキと会社にやってきたし、どんなものであれ好きな服を着ることができた。みんな昼食時にはランニングをしたり、サーフィンをしたり、建物の裏手の砂場でバレーボールに興じたりした。会社主催のスキーやクライミング・トリップがあり、そのほかにも気の合う仲間で非公式に数多くのトリップを計画して、金曜の夜にシエラネバダへ車を走らせ、月曜日の朝に疲労でふらふらしつつも満ち足りた顔で仕事に戻ってくる、ということがよくあった。

“発見ツアー” に出かけるグレート・パシフィック・チャイルド・ディベロップメント・センターの子どもたち。**提供：パタゴニア**

とはいえ、成長にともなって、ある程度の変化はやむをえなかった。一九八四年には、グレートパシフィック・アイアンワークスの社名をロスト・アロー社に変更して持ち株会社とし、その下にウェアのデザイン、製造、販売を行うパタゴニア、道具の設計、製造、販売を行うシュイナード・イクイップメント社を配置した。

また、新たにグレートパシフィック・アイアンワークス社を設立して直営店の運営を任せ、パタゴニア・メールオーダーを独立した法人に昇格させた。その年に新しく建てたロスト・アロー社の本部棟には、役員用でさえ個室はまったく設けなかった。こうした設計配置ではときに気が散ることもあるが、おかげで自由な意思の疎通を保つことができた。たちまち「畜舎」と呼ばれることとなった大きな空間で、幹部も一般従業員と肩を並べて働いた。

社員用カフェテリアでは、野菜を中心とした健康的な食事を提供し、従業員が一日中いつでも集えるようにした。また、マリンダの強い主張によって、職場内に託児所を開設し、グレート・パシフィック・チャイルド・ディベロップメント・センターを設立した。当時、アメリカ国内でわずか百五十社しか実施していなかったことだが、今日では三千社余りにのぼる。

子どもたちが中庭で遊んだり、カフェテリアで母親や父親とともに昼食をとったりする光景は、社

育児に関するマリンダの見解

実のところ、慎重な計画に基づいて始めたことではありません。大学の副専攻が家政学だったとはいえ、私は未就学児教育に関して一課目も履修せずに卒業した数少ない学生の一人でした。託児所（デイケア）のそもそもの始まりは、フロスト夫妻が赤ん坊を職場に連れてきたのを見習って、私たちも連れてきたことです。新しく雇い入れた従業員も、次々に先例にならいました。

コンピュータのモニターの上にベビーベッドがいくつも無造作に置かれて、コンピュータに詳しい人にはさぞ身震いする光景だったでしょう。私たちが赤ん坊のもたらす大混乱に気づいたのは、しょっちゅう金切り声で泣きわめく一人の赤ん坊が来てからでした。しゃくりあげるその赤ん坊をあやすために母親が外へ連れて行き、私たちはみんな、うしろめたさを覚えたものです。

ただでさえ乏しい資金と空間のどちらか、あるいは両方を赤ん坊に割くことの是非が、その後さらに二年かけて議論されました。託児所の設け方など見当もつきませんでしたが、数人の親たちと強引に計画を押し進めていきました。

開設してしばらく経ったあとで、職場内託児所が実は急進的な考えであり、数々の法律や感情的な親たちがつきまとうものだと知りました。肩の荷をようやく下ろすことができたのは、幼児教育の国家資格を持つアニータ・ギャラウェイが来てくれてからです。彼女の尽力で策定された州と連邦の法律や基準は、いまや家族的な職場では当たり前と見なされています。

アニータはまた、より大きな社会的大改革へと私たちを押し出しました。出産休暇（マタニティリーブ）です。生まれたばかりのまだ湿っぽい赤ん坊が次から次へと持ち込まれるにおよんで、アニータは、従業員は公然たる反逆を始めたと宣言しました。私が無邪気に、せめて生後八週になるまでは赤ん坊を連れてきてはいけないと告げると、親たちはこう答えました。「生活やローンの支払いをどうしろと言うの？」彼女たちは泣きわめき、仕事を辞めると脅したのです。

どんなものであれ育児に関する議論は、劇的な事件があってようやく前進するものです。私たちは、家で乳幼児を育てている期間も賃金を支払うことを承知し、父親も育児休暇を取れるというおまけもつけました。月日は過ぎて、開設当初に託児所にいた子どもの中から従業員になって子どもを持つ者が現れ、私たちの方針は連邦法になりました――これに関して、アニータのロビー活動が少なからぬ役割を果たしたのは言うまでもありません。

――マリンダ・ペノイヤー・シュイナード

乳児室での昼食風景。**提供：パタゴニア**

内に家庭的な雰囲気をもたらした。また、主たる目的は子どもができたばかりの従業員の便宜を図るためではあったが、ほかの従業員にも分け隔てなく、フレックスタイム制とジョブシェアリングを認めた。

私たちは、ビジネスを硬直させて創造性を妨げる従来の企業文化から「脱却する」必要はなかった。たいていの場合、独自の流儀を守るよう力を尽くすだけでよかった。かつて、その流儀は風変わりに思われていたが、いまでは違う。多くのアメリカ企業が、以前よりも打ち解けた職場環境を受け入れている。そして私たちは、こうした風潮にひと役買っているのだ。

環境問題への開眼

しかし、ビジネスの拡大にあたっては、従来の教科書的なやり方を取り入れた。製品の数を増やし、取扱店や直営店を新しく設け、外国市場を開拓した——そしてほどなく、自分の身の丈《たけ》を超えるという由々しき危険に瀕した。本来の持ち場であるニッチ、すなわちアウトドア専門市場から抜け出しかけていたのだ。

八〇年代後半の成長の速さは、このまま続けば十年以内に十億ドル企業になると予想されるほどだった。その仮定上の数値に達するためには、量販店かデパートでの販売を始める必要があった。しかし、最高の道具を作る会社として確立してきた基本的なデザイン指針を曲げるわけにはいかない。品質世界一のアウトドアウェアの製造を目指す企業は、はたしてナイキの規模になりうるのか。テーブルが十しかない三つ星フランス料理レストランは、テーブル数を五十に増やしても評価を維持できるのか。望みをすべて叶えることは可能なのか。こうした疑問が、パタゴニアが発展していた八〇年代を通じて、ずっと私の頭につきまとった。

そして、いっそう私を悩ます問題が出現した――自然界の荒廃だ。最初は、この目で直に荒廃の様子を確認した。ネパール、アフリカ、ポリネシアなど、馴染みの場所へクライミングやサーフィンや釣りに出かけては、数年前に訪れたときから大きく変貌したさまを目の当たりにした。

私は独自のMBAスタイルの経営、すなわち「不在による経営（Management By Absence）」を実践しつづけ、ヒマラヤや南米の極限環境で自ら自社製品を身につけてフィールドテストをしていた。外の世界の人間として、新しいアイデアを持ち帰る役目を負っていたのだ。

会社には、誰か外に出て世の中の温度を体感する人間がいなくてはならない。というわけで、長年、新製品や新しいマーケットや新素材のアイデアを見つけてはわくわくしながら戻ってきていたわけだが、やがて世界の急速な変化を目にしはじめ、環境と社会の荒廃に関する話題を持ち帰ることがどんどん増えていった。

アフリカでは、人口増加にともなって森や草原が消えていった。地球温暖化によって、クライミング史の一翼を担ってきた氷河が溶けはじめていた。ＡＩＤＳやエボラ熱の出現と時を同じくして、森林が皆伐《かいばつ》され、野生動物の肉《ブッシュミート》が食用として大量に市場に流れたが、その中にはウイルスに感染したチンパンジーの肉もあった。

ソ連の崩壊前にロシアの極東へカヤック・トリップに出かけたときは、ロシア人がアメリカとの軍事競争に負けまいとして自国の大半を破壊しているのを目にした。原油、鉱物、木材をやみくもに採取したせいで土地が荒廃し、失敗に終わった工業化の試みのせいで都市や農地が汚染されていた。そして人々は種子用の穀物を食べていた。

身近に目を向けると、南カリフォルニアの海岸線や丘陵が容赦なく舗装されていた。ワイオミングでは、三十年にわたり夏を過ごしてきたが、年々、見かける野生動物の数が減り、釣れる魚が小さくなり、体が茹《ゆ》だるような三十五度近い記録的な熱波が何週間も続くようになった。

だが、環境破壊のほとんどは、私の目で見ていないところで起きていた。書物を通して、表土や地下水が急速に失われていること、熱帯林が皆伐され、植物や動物、鳥類の絶滅危惧品種が増えていること、かつては汚染のなかった北極地方に住む人たちが、工業先進諸国がたれ流した汚染物質のせいで地元産のほ乳類や魚を食べないよう警告されていることなどを知った。

それと同時に、生息域を守ろうとする小規模なグループのひたむきな苦闘が大きな成果を上げうることに、少しずつ気づきはじめた。私の目を開かせてくれたのは、七〇年代の初めに、ほかならぬ地元で起きたある出来事だ。

友人たちと地元の映画館にサーフィン映画を観に行ったとき、上映後、若いサーファーが観客にこう呼びかけた。

「市議会の公聴会に出席し、市当局の計画するベンチュラ川河口の水路計画と開発に反対の発言を行

ベンチュラ川で獲れたスチールヘッドを運ぶ地元の少年たち。1920年。**提供：パタゴニア**

ってほしい」

ベンチュラ川河口はこの地域で最高のサーフポイントで、パタゴニアのオフィスからわずか五百メートル足らずの距離にある。

そこで数人の仲間とともに公聴会に出て、サーフィンに適した波が来なくなるかもしれないと抗議した。また、あいまいながらも私たちには、ベンチュラ川にかつて多数のスチールヘッド（降海型ニジマス）が生息していたという認識があった。

事実、四〇年代には年間四千〜五千匹ほどが遡上《そじょう》していたのだ。その後、ダムが二つ建設され、水の流れが変わった。冬の雨を除けば、汚水処理施設からの排水しか河口に流れ出さなくなっていた。市議会の会議では、数人の専門家が、川は生物のいない死んだ状態であること、河口を水路化しても、いまなお生息している鳥などの野生生物や波の状態に影響はまったくないことを証言した。

すると、若い大学院生のマーク・キャペリが、川岸で撮影した写真のスライド上映を行った。柳に営巣《えいそう》する鳥たち、マスクラット（大型の水生ネズミ）やミズヘビ、河口域で放卵するウナギ。銀化したスチールヘッドが映し出されると、みんなが立ち上がって歓声をあげた。そう、「死んだ」はずの川を、いまも数十匹のスチールヘッドが産卵のために訪れていたのだ。

開発計画は撤回された。私たちはマークにオフィススペースと私書箱を与え、ささやかながら金銭も提供して、川を守る闘いを応援した。

別の開発計画が持ち上がるたびに、彼の主催する「フレンズ・オブ・ザ・ベンチュラ・リバー」はそれを挫《くじ》き、水を浄化して流量を増やすよう働きかけた。やがて野生生物の数が増え、以前より多くのスチールヘッドが産卵にやってくるようになった。

マークは大きな教訓を二つ与えてくれた。草の根運動に効果があることと、損なわれた生息域も努力しだいで回復できることだ。私たちは彼の活動に触発されて、生息環境の保全、回復のため活動している小規模なグループに定期的に寄付を行いはじめた。

大きなＮＧＯ（非政府組織）はスタッフの数や運営諸経費が多く、企業との結びつきも強いので、対象から外すことにした。そして一九八六年には、毎年こうした小規模グループに税引き前利益の十パーセントを寄付することを誓った。のちに寄付額を上げて、売上げの一パーセントか税引き前利益の十パーセントのどちらか多い額にすることに決め、以来、業績がよかろうと悪かろうと、毎年必ずこの誓約を守っている。

一九八八年にははじめて独自の全国的な環境キャンペーンに乗りだし、ヨセミテ渓谷の都市化を避けるための総合計画を支持した。さまざまな書き手からエッセイを募ってカタログに掲載したり、直営店に掲示スペースを設けたりした。その後も環境活動へのかかわりをさらに強めて、サーモンや川を取り戻すためのキャンペーンを展開し、GATT（関税と貿易に関する一般協定）やFTA（自由貿易協定）、遺伝子組み換え作物（GMO）に反対した。また、ワイルドランド・プロジェクトを支持し、ヨーロッパではアルプスの大型トラックでの通行に反対してきた。

こうした社外で起きている危機に取り組むのに加え、社内にも厳しい目を注いだ。企業＝「汚染者」としての自らの影響を知り、それを減らしていく必要があることを自覚した。そこで一九八四年に古紙のリサイクルを始め、再生紙の調査を徹底的に行って、最も再生割合の高い紙をカタログに使用した。カタログに再生紙を使ったのはアメリカでは私たちが初めてだったが、最初のシーズンは惨憺《さんたん》たる結果を招いた――まだ試験段階にある紙はインクののりが思わしくなく、写真がぼやけ、色もくすんでいたのだ。

だが、再生紙に転換したことで、最初の一年だけで三百五十万キロワット時の電力、二万二千キロリットル余りの水を節約した。大気中に排出される汚染物質を二十トン余り、埋め立てされる固形廃棄物を千二百立方メートル近く減らして、一万四千五百本の木が伐採されるのを防いだ。

翌年には、紙の質も大きく向上した。私たちはまた、再生あるいは再利用された建材、毒性の少ない建材を調査して、自社の建物の建設や改装の際に、他社に先駆けてこれらを利用した。さらにウェ

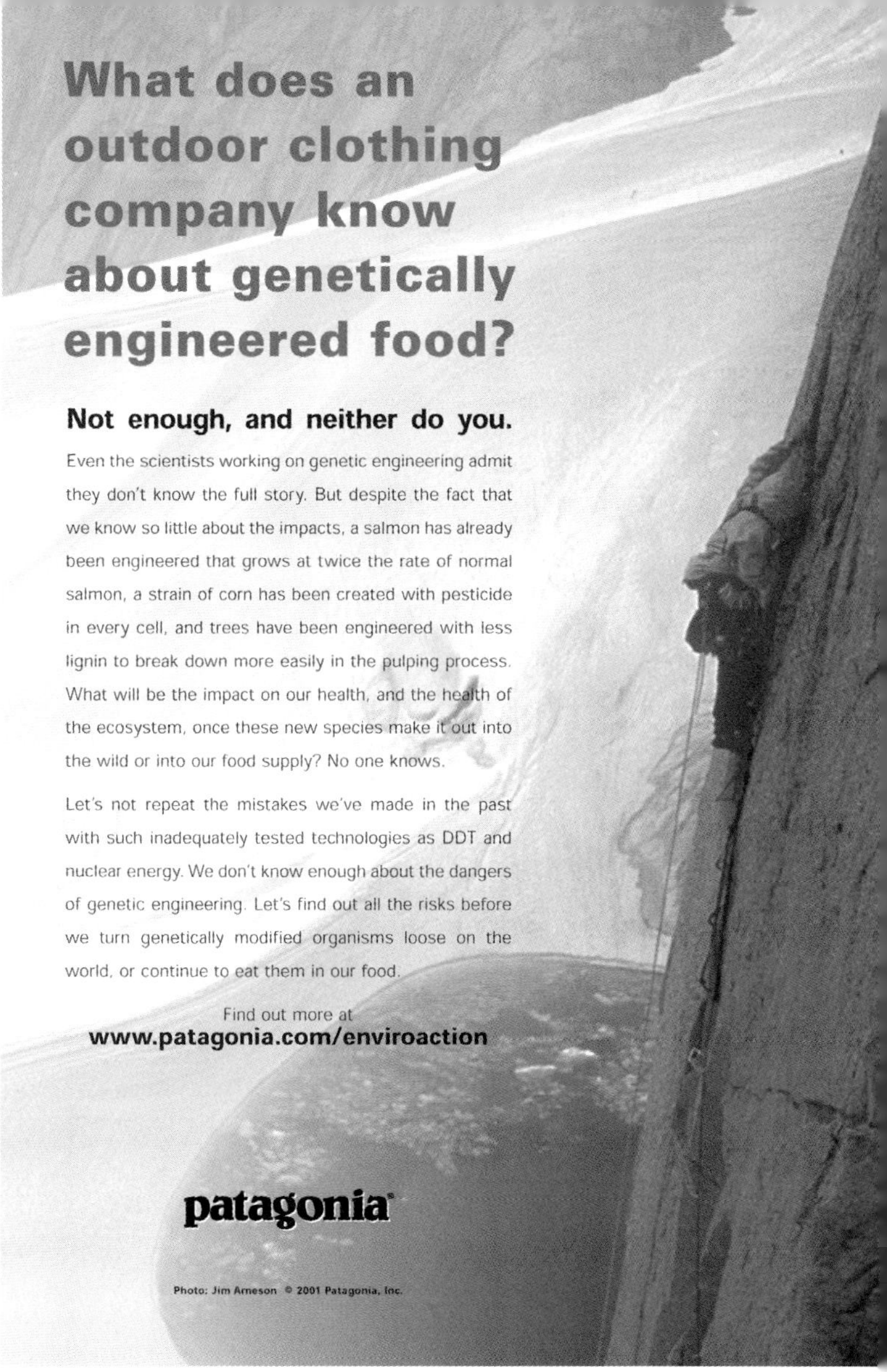
What does an outdoor clothing company know about genetically engineered food?
Not enough, and neither do you.
Even the scientists working on genetic engineering admit they don't know the full story. But despite the fact that we know so little about the impacts, a salmon has already been engineered that grows at twice the rate of normal salmon, a strain of corn has been created with pesticide in every cell, and trees have been engineered with less lignin to break down more easily in the pulping process. What will be the impact on our health, and the health of the ecosystem, once these new species make it out into the wild or into our food supply? No one knows.
Let's not repeat the mistakes we've made in the past with such inadequately tested technologies as DDT and nuclear energy. We don't know enough about the dangers of genetic engineering. Let's find out all the risks before we turn genetically modified organisms loose on the world, or continue to eat them in our food.
Find out more at
www.patagonia.com/enviroaction
patagonia
Photo: Jim Arneson © 2001 Patagonia, Inc.

遺伝子組み換え作物（GMO）に反対する広告。**提供：パタゴニア**

ルマン社やモルデン・ミルズ社と協力して、リサイクル・ポリエステルを開発し、シンチラ・フリースの素材として採用した。

その間も、会社は発展を続けていた。八〇年代後半にはいくつもの分野で大きな成功を収め、私たちは成長がずっと止まらないものと思い込みはじめた。そして、このまま拡大路線を歩みつづけることに決めた。

成長と危機

とはいえ、道が険しくなかったわけではない。目覚しい成長を支えるためにかなりの苦労を強《し》いられた。オフィスはすぐに手狭になった。納入業者、銀行、社内情報システム、経営幹部の能力も成長に追いつかない。二年に一度、より大きくて高性能のコンピュータを買う必要もあったようだ。私自身はいまもコンピュータを使わないし、そういった電子機器にはまったく興味はないが、ある日、せめてコンピュータ室に赴いて、みんなが「ロスコー」と呼ぶ新しいＩＢＭのシステム38をひと目見ておくべきだと考えた。そして大きな金属物体を目にして、叫んだ。「こんなものに、二十五万ドルも注《つ》ぎ込んだのか！」「いいえ」と責任者は答えた。「それはエアコンで、ロスコーはあっちです」

マリンダと私はしばしば経営幹部に対して、もっと控えめな、「自然な」成長を心がけるよう求めた。ホールセール（卸売り）部門については、特にそうだった。しかし、その同じ経営幹部に対し、直営店およびメールオーダー（カタログ通販）については強化して顧客との直接的な関係を築くよう求め、国内販売が低調なときでも損益を均衡させるために国際事業を展開するよう要請した。

また、スポーツ別の製品ラインアップを導入し、一九八九年には、登山、スキー、パドリング、フィッシング、セーリング向けのテクニカルシェルを取りそろえて、あらゆるアウトドア・アクティビティ向けに中間着《インサレーション》とアンダーウェアを提供した。

とはいえ、主な成長源は、さほど機能性のないスポーツウェアであり、その大半がホールセール部

1985年から1990年にかけて、本格的セーリング用に最高品質の悪天候向けウェアを製造していたが、事業として成り立たせることができなかった。典型的な船具店が衣料品の取り扱いに難色を示したので、ホールセール・ディーラー用のモデルは売れなかった。そこで、わざわざセーリング向けに限定したカタログを作り、メールオーダーを試みた。やがて私たちは、本格的なヨット乗りはごく少数しかおらず、「日曜」ヨット乗りは高価な悪天候向け製品を必要としないことを悟った。セーリング向けの製品ラインは、1991年の財務引締め策の犠牲となって消滅した。
撮影：ネオ・ファン・デル・ヴァル

門を通じて販売されていた。新しいスポーツ別の製品ラインアップといえば、品質、納入、販売において問題が続出し、製品開発にかかる期間も、一年だったものが二年に延びた。

はじめての大きな危機は、販売の行き詰まりではなく、法律上の問題から生じた。八〇年代後半、私たち夫婦の所有だったシュイナード・イクイップメント社が、数件の訴訟の標的にされた。だが、製品の欠陥、あるいはクライマーにかかわりのあるものは、一件たりともなかった。

原告は窓の清掃員、鉛管工、舞台の大道具、そして綱引きコンテストで当社のクライミング・ロープを使用して足首の骨を折ったどこかの人間だ。

訴因はどれも、警告不備だった。つまり、これらの顧客に、想定外の用途に使用した際の危険性についてきちんと警告していなかったと言うのだ。追い打ちをかけるように、もっと深刻な訴訟が、クライミングの初心者講習会で当社のハーネスへのロープの通し方を誤った結果死亡した弁護士の家族から起こされた。

訴訟者たちはシュイナード・イクイップメント社とパタゴニアが同一の企業であると思い、パタゴニアの業績が目覚ましいので金を引き出せると踏んだらしい。保険会社はどの訴訟についても、争うことを拒んで示談に持ち込んだ。おかげで保険料が一年間で二千パーセントも上昇した。

ついにシュイナード・イクイップメント社は破産法第十一章の適用を申請し、従業員たちに、買収のための資本を集める時間的猶予を与えることになった。彼らは無事に資産を買いとり、所在地をソルトレイク・シティーへ移して、新しくブラック・ダイヤモンド社を設立した。今日に至るまで、この会社は世界最高のクライミング道具とバックカントリー・スキーの用具を作りつづけている。

訴訟に巻きこまれていないときは、国際事業に眠れぬ夜を過ごさせられた。ヨーロッパでは困難と損失に悩まされるスタートをきった。ライセンシーや代理店との関係作りに失敗し、ヨーロッパおよび日本の最初の事業責任者との関係もおかしくなった。業務内容がどんどん専門化していくのを感じたクリス・マクディヴィットが、もっとビジネス経験のある本物のCEO（最高経営責任者）が必要だと言い出したので、新しいCEOを雇い、クリスは引きつづきブランドとイメージの管理を担当することになった。

行きすぎた拡大

ここへ来て、私たちの考えを余すところなく顧客に伝えるには、海外、国内ともに、主要な都市やレクリエーション地域に直営店を出すことが不可欠だという結論に至った。そこで一九八七年、アルパインクライミング界の本拠地、フランスのシャモニにヨーロッパ第一号の直営店を出し、一九八九年には東京・目白に直営店を構えた。

アメリカ国内では一定のペースで直営店を開いた——はじめてベンチュラ川を越えてサンフランシスコに開店した一九八六年以降は、年に二店舗のペースを保っていた。これら直営店の大半は、当初から業績が好調だった。

メールオーダーにはもっと苦労させられた。最大の要因は、従来の業界戦略を拒み、メーリングリ

ファグナノ湖で釣り糸を繰り出した瞬間。アルゼンチンのティエラ・デル・フエゴ。入れ歯の人は真似しないように！　**撮影：ダグ・トンプキンス**

ストを外部から買ったり、表紙だけ変えた「新しい」カタログを顧客に送りつけたり、といったことをしなかったからだ。こうした制約のもと、ほかに効果的な方策も見つからないまま、十年近くが過ぎた。また、メールオーダー用の在庫の効率的な管理方法を知らなかったのも問題だった。

おかげで在庫をどんどん溜め込むはめになり、シーズンの終わりには仕入れ過剰分をホールセール部門に戻して、年一回の在庫処分セールで投げ売りしたが、その量は年々増えつづける一方だった。

ホールセール部門ではなんとか頑張って、この部門には珍しくない過剰在庫を避けていた。デパートやスポーツ用品チェーン店での販売は、何件か声をかけてもらったが断った。取扱店での販売量を半分に削減し、ごくかかわりの深い誠実な取扱店にのみ委託量を増やした。

とはいえ、主な成長源はやはり、「さほど機能性のない」限られた製品ラインだった。パドリング、セーリング、フライフィッシング向けのウェアは、老舗の専門企業と競わなくてはならず、思うように売れなかった。私たちは、スポーツウェア志向の軟弱なイメージがついてしまったのではないかと心配した。

シュイナード・イクイップメント社が持っていた企業家精神を再現しようと考え、製品を八つのカテゴリーに分けて八人の責任者を雇った。責任者それぞれが、担当するカテゴリーの製品開発、マーケティング、在庫および品質の管理を受け持ち、ホールセール、メールオーダー、直営店という三つの販売部門と協力し合うわけだ。

一九九〇年には、次年度も四十パーセントの成長があるという前提で、財務、生産計画を立てた。あとから人手不足の解消に奔走しなくてすむよう、百人の追加人員も雇った。その受け入れスペースを作るために、古い食肉加工場を建て増しした。

いま振り返ってみると、成長企業に典型的な過ちを片端から犯してしまったことがよくわかる。新しい責任者たちにはしかるべき教育を施せなかったし、八つの独立した製品部門と三つの販売部門を持つ会社の経営に携わる重責は、経営幹部たちの能力を超えていた。全体の事業目的を視野に据《す》えて互いに協力し合う体制も整っていなかった。

いくつかの計画案を断念せざるをえなくなった。特定のマーケット向けの製品開発といくつもの流通経路の組み合わせは複雑なルービックキューブさながらで、これを解ける者は誰一人いなかった。組織図は新聞の日曜版にあるようなクロスワードパズルの様相を呈《てい》し、発表される端《はな》から作り直された。五年間で五回の社内再編成を行い、計画案が新たに作られるたびに、その実効性は落ちていった。

なぜビジネスを行うのか

ある時点で、別の視野が必要だと思い至ったマリンダと私は、ＣＥＯとＣＦＯ（最高財務責任者）と一緒に、定評のあるコンサルタントの助言を求めることにした。選んだ相手は、マイケル・カミ博士。ＩＢＭ社の戦略計画を策定し、ハーレーダビッドソン社の経営を立て直した人物だ。私たち一同は、飛行機でフロリダまで会いに行った。カミ博士は七十歳代の小柄な男性で、かん高い声は訛りが強く、あご一面にひげをはやし、精力的でせわしない印象。大きなクルーザーに寝起きし、船長帽と肩章付きの開襟シャツを身につけていた。

彼は助言を与える前に、なぜ私たちがビジネスを行うのかを知りたがった。私は会社の歴史を語り、自分についてはたまたまビジネスを成功させた職人だと思っていることを話した。かねてから、十分な金を貯めたあかつきには、完璧な波と究極のボーンフィッシュ（ソトイワシの一種）が釣れるポイントを探しに南洋へ出帆する夢を抱いていること。会社を売って引退する道を選ばない理由は、世界の行く末を懸念し、会社の資源を使って何かすべきだと感じているため。自主的に助成金制度（税引き前利益の十パーセントを寄付することの誓約）を課して、この一年間で二百余りのグループに合計百万ドルを寄付しており、ビジネスを続ける最終的な理由は、寄付のための資金を作ること――などを話した。

カミ博士はしばらく考えてから、こう告げた。

「それは、とんだ戯言《ざれごと》ですな。心から真剣に寄付をしたいなら、一億ドルかそこらで会社を売って、二百万ドルほど自分のために取っておき、残りの金で財団を設立することです。元本をうまく投資すれば、毎年、六百万～八百万ドルの寄付ができる。それに、ちゃんとした相手に会社を売れば、助成金制度も続けてくれるはずだ。いい宣伝材料になりますからね」

経営幹部たちが反対の声をあげた。

「いったい、何を不安がっているのですか？」カミ博士は彼らのほうを向いてたずねた。「あなたたちは、まだ若い。別の仕事が見つかるはずだ！」

私は、売ったあとの会社の行く末が心配だと言った。

「ならば、あなたは自分に嘘をついているわけですな」彼は答えた。「なぜビジネスに携わっているのか、もう一度よく考えてごらんなさい」

まさに禅師に棒で頭を打たれたような衝撃を覚えたが、私たちは悟《さと》りを開くどころか、いっそう混乱した頭で立ち去ることとなった。

暗黒の水曜日

私が、なぜビジネスに携わっているのかを探りつづけている一方で、一九九一年、それまで長い間三十～五十パーセントの年平均成長率を誇り、すべての目標を実現させようと頑張ってきたパタゴニアが、壁にぶちあたった。アメリカが景気後退期に入ったため、さまざまな計画や仕入れの前提としていた成長が止まったわけだが、危機に陥ったのは前年より売上げが落ちたからではなく、「わずか」二十パーセントしか増えなかったからなのだ！

とはいえ、この二十パーセントの不足によって、あやうく破綻に追い込まれそうになった。あちこちの取扱店に注文を取り消されて、在庫が膨らんだ。メールオーダーも国際事業も業績が予想を下まわり、その分の在庫も増えた。やむなく春から秋にかけて、できる限り生産を減らした。新規の雇用とさしたる必要のない出張を凍結した。新製品の導入を取り止め、収益性のほとんどない製品の販売を打ち切った。

じきに事態は深刻化した。主力銀行であるセキュリティ・パシフィック銀行自身も財務的に逼迫《ひっぱく》していたため、私たちの貸出限度額をわずか数カ月の間に二回も大幅に削減した。借入高を新しい限度内に収めるためには、経費を徹底的に削減しなくてはならなかった。

このためロンドン、バンクーバー、ミュンヘンの事務所とショールームを閉めることにした。CEOとCFOを解任し、再びクリス・マクディヴィットをCEOに据えた。ヨーロッパの責任者、アラン・ドヴォルデールを呼びよせて、臨時にCOO（最高業務執行責任者）を務めさせた。

それまで、経費削減を理由に従業員を一時解雇《レイオフ》したことはなかった。いや、どんな理由であれ、一時解雇をしたことはなかった。もともと大家族のような雰囲気の会社ではあったが、従業員の友人や、友人の友人、親戚を雇ってきた。多くの従業員は、まさしく家族そのものになっていた。

夫と妻、母親と息子、兄弟姉妹、いとこ、姻戚どうしが肩を並べて、あるいは別の部門で働いていた。どんな企業にとっても一時解雇は辛いものだが、私たちにとっては、ほとんど問題外の対応策だった。しかし緊張はしだいに高まり――一時解雇の可能性も増大して――耐えきれないほどにまでなった。

賃金カットと労働時間短縮の組み合わせといった代案も検討したが、最終的に、一時解雇しか問題の解決にはつながらないという結論に達した。成長を見越して大量採用をしたわけだが、仕事の量があまりにも減っていたのだ。そして一九九一年七月三十一日の暗黒の水曜日、私たちは百二十名の従業員――全体の二十パーセント相当――を解雇した。当然ながら、会社の歴史上、唯一最大の暗黒日だった。

逆境から生まれた理念《フィロソフィ》

私は、この自分たちの危機は、世界中で起こっている事象の縮図ではないかと考えた。その年、つまり一九九一年のワールドウォッチ研究所の『地球白書』は、こう述べている。

「いまや世界経済の年生産高は二十兆ドルに達し、一九〇〇年の年生産高をわずか十七日で達成している。すでに経済活動はおびただしい数の局地的、地域的、世界的な限界を超えた。その結果、砂漠は広がり、湖や森は酸性化し、温室効果ガスが蓄積された。成長がこれまでの数十年と同じ路線をた

パタゴニアを視察するパタゴニアの経営幹部たち。1991年。**提供：パタゴニア**

どるなら、遅かれ早かれ、世界体系は重圧に耐えかねて崩壊するだろう」

私たちの会社も、資源や能力の限界を超えてしまっていた。世界経済と同じく、持続不可能な成長に頼っていたのだ。だからといって、見て見ぬふりをして何とかなるよう祈ることはできない。何を優先するべきかを考え直し、新しい経営計画を打ち立てる必要がある。既存のルールを改める時が来たのだ。

私は十人余りの経営幹部とともにアルゼンチンを、現実のパタゴニアにある風吹きすさぶ山岳地を訪れた。そして各人が、この原生地域を歩き回りながら、なぜビジネスに携わっているのか、パタゴニアをどんな会社にしたかったのかと自問した。

十億ドル企業？　それもいいだろう。だが、誇りに思えない製品を作る必要があるなら、お断りだ。私たちはまた、一企業としてもたらす環境に与える悪影響を抑えるにはどうすればいいのかを議論した。共通の価値観や、みんなをほかの企業ではなくパタゴニアに引きよせた共通の文化について話し合った。

帰国後、はじめての取締役会を召集した。メンバーは信頼できる友人や助言者たちで、その中に、作家であり熱心な環境保護論者でもあるジェリー・マンダーがいた。取締役会のある会議で、価値観とミッション・ステートメントを言葉で表すのに苦労していると、ジェリーは昼食をとらずに一人でどこかへ出かけ、戻ってきたときには完璧に書きあげた文章を手にしていた。

私たちは、コントロールできなくなった成長が、これまで会社を成功に導いてくれた価値観を危険に晒《さら》しているのだと気づいていた。こうした価値観は、紋切り型の答えを提供するハウツーものの経営入門書には記されていない。自分たちが常に正しい疑問を抱き、正しい答えを見つけられるよう、哲学的で創造力をかきたてるガイドとなるものが必要だ。私たちはこれらの指針を「理念《フィロソフィ》」と呼び、大きな部門あるいは職務ごとに一つ設けた。

あの日ジェリー・マンダーが取締役会に提示した文章は、以下のとおり。

私たちの価値観

まずは、地球のあらゆる生命に危機の時代が迫っているという前提、この時代には生き残れるか否かがますます大きな社会的関心事になるという前提から始める。たとえ生き残れるか否かが問題にならないとしても、人間の生活体験の質が当然のように問題視されるのに加えて、生物および文化の多様性と地球の生命維持体系が失われつつあることに表象される自然界の健康悪化も、問題視されるはずだ。

こうした状況の根源には、私たちの経済体制に内在する基本的な価値観、なかんずく経済界の価値観がある。問題を抱えた企業価値観の最たるものは、拡大と短期利益を最優先する一方で、品質、持続可能性、環境および人間の健全性、調和のとれた共同体など、考慮すべき価値観を軽んじる姿勢だ。

当社の基本理念は、経営を行う際にこの状況をしっかり認識して、企業価値観の序列をつけ直しつつ、人間と環境の健康状態を向上させる製品を作っていくこと。

これらの変革を遂げるために、私たちは次の価値観に基づいて経営の意思決定を下すものとする。各項目の順番は、重要度を示すものではない。どの項目もみな等しく重要であり、今日の環境的、社会的危機の低減を目指す経済活動において重要視されるべき価値観の「エコロジー」を表している。

・当社の意思決定はすべて、環境の危機に鑑みて下される。私たちは害をもたらさぬようひたすら努めなくてはならない。可能な限り、問題を減じるような行動をとる。また、自らの活動を絶えず評価、再検討し、たゆまぬ改善を図っていく。
・最大の注意を払うべき対象は、製品の品質である。優れた品質とは、耐久性があり、天然資源（原材料、一次エネルギー、輸送など）の利用を最小限に抑え、多機能で飽きがこず、用途に最適であることから生じる美が備わっていること。一時的な流行は、断じて企業価値観ではない。
・取締役会も経営陣も、調和のとれた共同体は持続可能な環境の一部であることを肝に銘じる。一人一人が共同体に欠かせない要素であり、その共同体には従業員も、居住する地域の社会も、納入業者や顧客も含まれる。自分たちがこれらすべての関係先に対して責任を負っていることを認識し、全般の利益を念頭に置いて決定を下すものとする。また、当社と同じ基本的価値観を持つ者を雇う一方で、文化的、倫理的多様性は保っていく。

・第一の目標ではないことをわきまえた上で、ビジネスを通じて利益を追求する。ただし、成長および拡大は、当社の本質的な価値観ではない。

・事業活動による環境への負の影響を少しでも減じるため、年間総売上げの一パーセント、あるいは税引き前利益の十パーセントのどちらか大きい額を、税金としてみずからに課す。この税金はすべて、地元の共同体および環境保護活動に寄付する。

・事業のあらゆる階層――取締役会、経営幹部、一般社員――に対し、パタゴニアの価値観を反映する積極的な活動を奨励する。そうした活動の一例を挙げると、より大きな企業共同体に影響を与えて価値観や行動を見直させるようなもの、今日の環境的、社会的危機の打開に取り組む草の根活動家や全国キャンペーンの実施者たちを、行動や財政的援助を通じて支えるものである。

・社内のあり方について言えば、経営幹部は一つにまとまって行動し、透明性を最大限に保つ。その一環として「オープンブック」方針をとり、通常の個人のプライバシーや「業務上の秘密」を冒さない範囲で、従業員が意思決定に参画しやすくなるようにする。企業活動のあらゆる階層において、ざっくばらんな意見交換、協力的な雰囲気、できる限りの簡素化を促すと同時に、活力および革新性も求めていく。

――イヴォン・シュイナード

理念の講義。サンフランシスコのマリンヘッドランズ。**提供：パタゴニア**

経営幹部たちが売上げと資金繰りの危機にどう対処すべきか議論するかたわら、私は従業員を対象に一週間にわたるセミナーを行い、新しく記されたこれらの理念を説いた。バスを一台借りきってヨセミテやサンフランシスコの北にあるマリンヘッドランズを訪れ、キャンプをして、木の下に集まって話し合った。

目的は、社内の一人一人が、自分たちの会社が行うビジネスの意味や環境に対する倫理と価値観をしっかり理解すること。いよいよ資金が逼迫してバスを借りられなくなると、キャンプ地を地元のロスパドレス国有林に移し、トレーニングを続けた。

いま思えば、あの窮地《きゅうち》に立たされた時期に、会社にさまざまな教訓を吹き込もうとしていたのだろう。個人としてすでに、クライミング、サーフィン、カヤック、フライフィッシングを通して学んでいた教訓を。私はそれまでずっと、ごくシンプルな生活を心がけていたが、一九九一年当時には、環境の状態を私なりに判断して、食物連鎖の下層に属するものを食べたり物質的消費を減らしたりしはじめていた。

また、危険をともなうスポーツの経験を通じて、もう一つ別の教訓も得ていた――決して限界を超えないこと。高みを目指して進むとき、崖の縁《ふち》にとどまっている間は命がある。だが、それを超えてはならない。自分に正直に、自分の能力と限界を知り、自分の器の範囲内で生きよ。同じことが、ビジネスにも言える。会社が現状を超えようとするのが早ければ早いほど、そして「望みをすべて叶えよう」とするのが早ければ早いほど、死もまた早く訪れる。

私は長年、禅哲学を学んでいる。たとえば弓道では、目的――的《まと》を射《い》ること――を頭から消しさり、代わりに矢を放《はな》つ動作の一つ一つに精神を集中する。構えの姿勢をとり、手を後ろへもっていき、矢《や》筒《づつ》から滑らかに矢を引き抜いたら弦《つる》にあて、呼吸を整えて、矢が自ずから飛んでいくままにする。

各動作をすべて完璧に身につければ、いやでも矢は的の中央を射るはずだ。同じ考え方が、クライミングにも当てはまる――登る過程に精神を集中させていれば、いずれは頂上に到達する。そしてやっとわかったのだが、もう一つ、この禅哲学がぴったり当てはまる領域がある。ビジネスの世界だ。

従業員にパタゴニアの「理念」を講義しながらも、どうすれば会社が今回の窮境《きゅうきょう》から抜け出せるのかは、いまだわからずにいた。しかし、これだけははっきりわかっていた。自分たちが持続不可能に陥っていること――そして経営と持続可能性の模範として目を向けるべき対象は、アメリカ経済界ではなく、「イロコイ族」とその「七世代計画」であること。

イロコイ族は、意思決定の過程において七世代先の子孫のことを常に考慮する。パタゴニアが今回の危機を乗り切れたら、あらゆる意思決定を、百年先までビジネスを続けるという前提で下さなくてはならない。それほどの長期間にわたって維持できる速度で、成長を続けていくのだ。

講義を行うことで、カミ博士の質問に対する真の答えが見えてきた。三十五年かかってようやく、なぜ自分がビジネスに携わっているのかを悟った。

確かに、環境活動への寄付は行いたい。だがそれ以上に、パタゴニアを、ほかの企業が環境的な経営と持続可能性を探るにあたって手本にできるような会社にしたい。ちょうど、私たちのピトンやピッケルがほかの道具メーカーの手本となったように。

講義を行いながら、私はそもそもなぜ企業家になったのかを振り返り、クライミングに出かけては自分が身につけたウェアや道具一つ一つについてさまざまな改良案を持ち帰っていた頃を思い出した。そして、いかに企業としてのパタゴニアが、高い品質基準と、古典的なデザイン原則に牽引されてきたかを悟った。どの製品、シャツ、ジャケット、パンツのどれをとっても、一つ一つの機能が欠くことのできない要素なのだ。

パタゴニアの現在

一九九一年、会社の体制を急速に立て直した。私たちはにわかに、より視点の定まった分別のある会社に生まれ変わり、成長を持続可能な速さに抑えて、慎重に資金を使い、よく考えて経営するようになった。三年以内に管理職を何層か取り払い、在庫を一元化し、販売経路を集中管理のもとにおいた。

理念を文章に記したこと、そして、講義を通じて文化を分かち合ったことが、この変革に大きな役割を果たした。如才《じょさい》ない投資家や銀行家は、成長企業がはじめての大きな危機を自力で切り抜けるまで、その企業を信頼しないと言う。それが本当なら、いま自分たちはその段階に達したのだ。

カミ博士の助言に従わなくてよかったと思う。もし、あのとき会社を売って、得た資金を株式市場に投資していたら、いまごろは環境保護活動に寄付する資金もたいして残っていなかったはずだ。ビジネスを続けていたからこそ、苦労はしたものの、パタゴニアの持続不可能な成長への盲進《もうしん》は経済界全体に通じる現象だったことに気づけたのだ。

一九九二年、『インク・マガジン』誌が、パタゴニアに関してきわめて否定的な記事を掲載した。結びでは、九〇年代を生き抜く可能性を、次のように疑問視していた。「イヴォン・シュイナードは自分の会社を模範にしてみせると息巻いているが、あいにく、その命運はすでに尽きている」

にもかかわらず、私たちは生き延びて新しい世紀を迎えたばかりか、業績も好調だ。年成長率を五パーセントに抑えて、きちんと利益を出している上に、数多くの賞を受けた。『ワーキングマザー』誌の「働くお母さんが選ぶベスト100社」に選ばれ、『フォーチュン』誌の「最も働きやすい企業トップ100」にも選ばれた。

また、カタログとウェブサイトは、『カタログエイジ』誌の金賞あるいは銀賞を計二十回授与され

水中カメラで撮影した、呼吸停止潜水の訓練をしている友人のキム・ベネット。ハワイのワイメア湾。
撮影：クリスタル・ソーンバーグ

ている。二〇〇四年には、グレート・プレイス・トゥ・ワーク研究所と人材マネジメント協会による「中規模企業トップ25」の十四位に選ばれた。

一九九四年には内部環境アセスメント報告書をはじめて作成し、四つの主要素材繊維、すなわちコットン、ウール、ポリエステル、ナイロンのライフサイクルを分析した結果、最も環境に害を及ぼすのは工業的に栽培されたコットンであることを知った。

そこで一九九六年の春までにパタゴニアのコットン衣料をすべて、百パーセント有機栽培されたコットンに切り替えた。一九九七年にはオーガニックコットン素材のTシャツブランドを作って、ベネフィシャルTと名づけた。一九九三年には他社に先駆けて、清涼飲料水のペットボトルから再生した繊維をシンチラ・ジャケットに使いはじめた。

さらに一九九七年、ウォーター・ガールUSA社を設立し、女性向けのサーフィン用ウェアやウォータースポーツ関連ウェアを作りはじめた。また、ロッククライミング向けの製品ラインとして、リズムを作った。結果的にこれら二つのブランドとキャプリーンが、社内で最も成長の速い部門となった。

二〇〇四年、私たちはオーシャン・イニシアティブと呼ぶ取り組みを始めて、将来的にパタゴニアの製品について、山岳や原生地域での活動向けと、川や海関連のスポーツ向けとのバランスをとる構想を描いた。

二〇〇六年末時点で、直営店はアメリカ国内に二十店舗、ヨーロッパと日本に計十六店舗ある。鉄球による解体を逃れた古い独立した建物も多く、ネバダ州リノには最新の省エネルギー設備を導入した配送センターを設けたし、ベンチュラに建てた三階建てのオフィスは再生建材を九五パーセント用いている。

とはいえ、私たちがどんな販売数字、どんな製品ブランドよりも誇りにしているのは、一九八五年以降、草の根環境保護活動を主な対象として、二千四百万ドル以上の現金および現物寄付を行ったことだ。

寄付の成果は、回避された危機の数で評価している。皆伐されなかった老齢樹林、鉱坑《こうこう》を掘られずにすんだ原野、散布されなかった農薬……。私たちの支援がもたらした成果は、肌で感じとれる。有害なダムは解体され、河川は甦《よみがえ》って自然の景勝地に挙げられ、公園や自然保護区域が設けられた。

とはいえ、これらの勝利をもたらしたのが私たちだけだと言うつもりはない――私たちは第一線の活動家に資金を提供しただけなのだ。パタゴニアは、現在も続けられている活動やすでに勝利した活

撤去前のエドワーズ・ダム。1989年、このダムを撤去して魚の遡上を促すよう連邦エネルギー規制委員会を説き伏せるために、複数の環境グループが集まってケネベック連合を設立した。パタゴニアは資金提供や全国紙および地方紙への広告掲載を通じて活動を支援した。ダムは2000年に取り壊され、いまでは、エールワイフやストライプド・バス、シャッドといったニシンの仲間や、シマスズキ、サーモンが、産卵のためにハドソン川を27km余りも遡上している。次の目標は、マテリハに、ロワーグラナイト、アイスハーバー、ロワーモニュメンタル、リトルグース、ヴィージー、グレートワークス……。**撮影：スコット・ペリー**

動の多くに対し、資金を提供するか、大口の寄付を行うかしてきた。

一九九一年から九二年にかけての危機以降、今日に至るまでのパタゴニアの歴史は、さほどおもしろい話ではない。「おもしろい」とは、この場合、中国の「おもしろい時代に生きよ」という呪い文句に使われているのと同じ意味で、波乱に富んだ状況を指す。

しかし幸いにも、たいていの大きな問題は解決に至り、いくつかの危機にしても、経営陣が会社を

「準備良好《ヤラック》」状態、つまりタカ狩り用語で言う「タカが神経を研ぎすまし、空腹ではあるが衰弱はしておらず、狩りの準備が整った」状態を保つために生じたにすぎない。したがって語るべき内容も、いかにしてミッション・ステートメントに沿《そ》うよう努めてきたかに尽きる。

私たちのミッション・ステートメントとはすなわち、「最高の製品を作り、環境に与える不必要な悪影響を最小限に抑える。そして、ビジネスを手段として環境危機に警鐘を鳴らし、解決に向けて実行する」ということにほかならない。

第3章

PHILOSOPHIES

パタゴニアの理念

ここで言う「理念《フィロソフィ》」とは、パタゴニアの各部門に適用される価値観を言葉にしたものだ。デザイン、製造、販売、イメージ、人事、財務、経営、環境の各領域に固有の理念が、ウェアをデザイン、製造、販売していく過程でパタゴニアを導くものとして、それぞれ具体的に書き表されている。これらの理念はほかのどんなビジネスにも十分適用できる。かくいうパタゴニアでも、ウェアのデザインにおける指針を、建物の設計や建築における理念の基本として用いている。

常に変化しつづけるビジネスの世界で、不変の理念を書きとめることに、なんの意味があるのだろうか。インターネット市場が広がり、ＮＡＦＴＡ（北米自由貿易協定）などの自由貿易による影響が大きくなり、デザインや製造に大きな影響を及ぼす飛躍的な革新が次々に生まれ、従業員の構成が絶えず変わり、流行や顧客の生活様式もめまぐるしく変化していく中にあって、パタゴニアはいかにして理念に従っていくのか。

その答えは、私たちの理念は規則ではなくガイドライン（指針）であるということだ。どんなプロジェクトに取り組む際にも礎《いしずえ》となるものであり、確かにそれ自身は「石のごとく不動」だが、さまざまな状況への適用に関しては違う。どんな企業であれ、長く続いてきたところでは、たとえビジネスのやり方が次々に変わろうと、価値観、文化、理念はいつまでも変わらない。

パタゴニアでは、これらの理念を社内のあらゆる部門、部署で働くすべてのスタッフに伝えて、各人が正しい判断を下せるようにしている。そのため柔軟性のない計画に従ったり、「ボス」の命令を待ったりする必要はない。

同じ価値観に従って行動し、各部門の理念を知ることで、私たちは共通の目的に向かって一つにまとまり、効率性を高め、意思疎通の不足から生じる混乱を避けてきた。この十年の間に多くの過ちを犯しはしたが、どの過ちにおいても道を見失っている期間はさほど長くはなかった。私たちの理念は、大まかな地図に相当する。山の世界とは違って、ほとんど前触れもなくひっきりなしに地形の変わるビジネスの世界において、ただ一つ、頼りにできるものなのだ。

ピトンを握る手。**提供：パタゴニア**

製品デザインの理念

「最高の製品を作り、環境に与える不必要な悪影響を最小限に抑える……」

ミッション・ステートメントの冒頭に掲げた「最高の製品を作り」は、パタゴニアの存在理由《レゾンデートル》にして、企業理念の礎である。

そもそも私たちは、最も品質の優れた製品を作りたい一心から、ビジネスを始めた。製品を原動力とする会社なので、製品がなければ当然ながらビジネスは成り立たないし、ミッション・ステートメントに記されたほかの目標もなんら意味を持たない。品質の優れた実用的な製品があるからこそ、実世界にしっかり錨を降ろして、使命を拡大していけるのだ。

世界一のクライミング道具、しかも人の命を預かる道具を作ってきた歴史がある以上、衣料に関しても、二番目に優れているものを作ってよしとするわけにはいかない。私たちの衣料は――バギーズからフランネルのシャツ、アンダーウェアからアウターに至るまで――それぞれの製品群で最高のものでなくてはならない。最高の製品を作ろうと努めることが、最高の託児所、最高の生産部門を生み出すことにつながり、各人が最善を尽くすことにつながる。

「最高を目指す」ことは、達成するのが難しい目標だ。「最高のうちの一つ」でもなければ、「ある価

品質とサーフボード

息子のフレッチャーが十代だった頃、私は彼に、手でものを作る技能を身につけられるなら、将来の仕事に何を選ぼうとかまわない、と告げた。息子はサーフボード作りを選んだが、軽い失読症のあの子にはうってつけの職だった。失読症の人は均整感覚に長けている場合が多い。優れた彫刻家もけっこういる。

数年後、私は生涯の仕事をサーフボード作りに定めた息子に、よりいいサーフボードを作るようはっぱをかけた。「そんなこと、できない」と息子は答えた。「アルメリックやラスティーよりいいボードなんて作れない。彼らのは最高のボードだよ。性能も最高だし」

私は言った。「だけど、プロサーファーがタヒチやインドネシアにトリップに出るとき、ボードを六本から十本も持って行くじゃないか。なぜかと言えば、少なくとも半分は折れてしまうからだろう。そんなボードを、質がいいと言えるのか?」

「でも、誰のボードだって、そんなふうに折れるものだよ」息子は答えた。

二人ともわかっていたのだが、耐久性はサーフボードの品質の基準として優先されることがない。

というより、ボードはファッションアイテムにすぎず、世間知らずの若者たちは、たいてい世界チャンピオンと同じ型のボードを買いたがる。彼らにとって、それがどれほど大切なことか想像がつくだろう!

フレッチャーは私に説き伏せられて、よりいいサーフボードを作る気になったが、まずは品質および性能を評価する項目を一つ残らず洗い出さなくてはならなかった。

品質に関しては、第一に、仕上がりの美しさを構成するあらゆる要素が挙げられた――グラッシングには「むら」がなく、気泡も生じておらず、ピンストライプは鮮やかで……といったふうに。次に、ボードの耐久性を左右する項目、たとえば、破断強度、圧縮強度(かかとの圧力によるへこみ具合)、紫外線による劣化への耐性、フィンボックスの強度、フォームの吸水性といった項目が挙がった。性能については、主要項目はさほど多くなく、スピード、回転性、パドリングのしやすさなど。また、定義づけるのが難しい項目もあった。「反応性」、つまり手応えやしなり具合もその一つだ。

品質の定義の次に、フレッチャーはありとあらゆるフォーム素材、ストリンガー用のさまざまな種類の木材やほかの素材、グラスファイバークロスや樹脂などについて徹底的に調べなくてはならなかった。何百というボードを作っては、強度、軽さ、しなり具合、剥離のしにくさなどを検査した。と同時に、シェイプ技術が乏しいせいで行き詰まることはないと自信が持てるよう、何千というボードを削って腕を磨いた。

結果として生まれた息子のボードは、ほかのものよりも軽くて強く、性能は同等で、はるかに長持ちする。世間一般のサーファーはいまだにサーフボードの品質のなんたるかを知らず、それを求めることもないが、フレッチャーは違う。

――イヴォン・シュイナード

サーフボードのシェイパー、フレッチャー・シュイナード。
撮影：エイミー・カムラー

格帯における最高」でもない。最高といえば、最高、ただそれだけだ。

では、それぞれの製品群で最高の製品とは、どんなものなのか。まだビジネスを始めて間もない頃のこと、その後長年主任デザイナーを務めてくれたケイト・ララメンディが、難問を突きつけてきた。

「私たちは世界一の衣料など作っていないし、仮にそんなことをしたら、ビジネスは立ちゆかなくなる」

私が「なぜ?」とたずねると、「なぜって、世界一のシャツはイタリア製だからです」と彼女は答えた。「手織りの生地に、手縫いのボタンとボタンホール。非の打ち所のない仕上がり。しかも価格は三百ドル。うちの顧客は、そんな大金は払ってくれないでしょう」

私はさらにたずねた。「その三百ドルのシャツを家庭用の洗濯機と乾燥機に投げ込んだら、どうなるかね?」「そんなこと、誰もしません。縮んでしまいますから。ドライクリーニングに出さないといけません」

私から見れば、そんなふうに取り扱いに気を遣うシャツは価値が低い。扱いやすさは重要な要素だと考えているので、私だったら、こうしたシャツを所有したいとも、ましてや作って売りたいとも思わない。

デザイン部門の責任者と私の品質に対する意見が食い違う以上、徹底的に話し合って、パタゴニアとしての統一基準を作り出す必要があった。ウェブスターの辞書によれば、品質とは「卓越性の度合い」のことだ。であるならば、最高の品質とは当然ながら「最高の度合い」を意味する。人によっては、品質は主観的な要素であり、一人の目に秀逸と映るものでも、別の人の目には平凡に映るはずだと言う。だがそれは、「嗜好」つまり「個人の好み」のことではないだろうか。

結局、デザイン部門の責任者と私は、品質はあくまで客観的かつ定義可能なものだとの点で意見が一致した。でなければ、会社のデザイン基準を確立することはできなかっただろう。

最終的に、パタゴニアのデザイナーが考慮に入れるべき項目のチェックリストを作りあげたが、そのリストはほかの事業にも十分、適用が可能だ。製品のあらゆる面について品質基準をはっきり定めさえすれば、何をもって最高の衣料とするか——あるいは最高の自動車、ワイン、あるいはハンバーガーとするか——が、自ずとわかってくる。以下に、パタゴニアのデザイナーがそれぞれの製品が基準に適合しているかを判断する際の、主な検討項目を挙げよう。

機能的であるか

いつの日かファッション史の研究者が、パタゴニアの功績は、アウトドアでグレーのスウェット・シャツではなく色彩豊かなウェアを着るよう人々に促したことだと言うかもしれない。だが、それよりも私は、工業デザインの指針を衣料品のデザインに適用した最初の企業である点を記憶にとどめてもらいたい。

工業デザインの「第一の指針」は、使用目的に沿った機能に基づいてデザインと素材を決めるべき——というものだ。

パタゴニアでは、どのデザインも機能面の必要性から生まれている。保温用アンダーウェアは汗を外に逃がし、通気性がよく、乾きが早くなくてはならない。パドリング・ジャケットは水を弾いて内側に浸入するのを防ぐのと同時に、完全に自由な腕の動きを求められる。機能が形状を決定づけるのだ。

ファッション業界では往々にして、素材の性質でデザインが決まり、それから用途が決まる。パタゴニアでは、素材の選択はたいてい最後の段階に行う。とはいえ、私がポリエステルのフットボール用ジャージに出くわしてアンダーウェアとしての可能性を思いついたときのように、新しい素材が製品の革新を促すこともある。外面的な特徴は重要ではない。それよりも、私たちは素材の本質に目を向ける。

ふつうのスポーツウェアであっても、まずは機能面から検討する。このシャツは暑くて湿気の多い気候で必要とされるのか、それとも暑くて乾燥した気候なのか。どんなドレープやフィット感が求められるのか。早く乾くように織りを緩くしたほうがいいのか、蚊のとがった口針を通さないよう密に織ったほうがいいのか。

製品に必要な機能を定めたあとでようやく、生地の調査を開始する。逆の面から言うなら、素材部門は絶えず、環境に与える害の少ない原料、ヘンプ（麻）、竹、あるいは再生ポリエステルなどで生地を作りつづけて、それが製品に採用されるのを待っている。

機能性を満たすことを基本にデザインすれば、その過程に目的意識が生まれ、結果的に完成した製品の質が向上する。機能面で確固たる必要がなかった場合、できあがった製品は見た目はすばらしいかもしれないが、私たちの製品として認めるのは難しい。「そんなものを誰が必要とするのか」というわけだ。

多機能であるか

一つの道具で二役こなせるときに、二つを別々に買う必要があるだろうか。製品をできる限り多用途に作るのは、私たちの原点が、装備をSUV（スポーツ用多目的車）のトランクに入れるのではなく、自分で担いで山を登らなくてはならない登山家であったことに由来する。

しかも、山ではできるだけ荷物を少なくするというのが実用的な配慮であり、と同時に、多くのアウトドア愛好家の崇高《すうこう》な信条でもある。ジョン・ミューアは、「携帯物資」をブリキのコップと、干からびたパンをひと塊と、オーバーコートだけに限定していた。

近年は、環境への配慮も無視できない。何であれ販売されて、発送され、収納され、手入れされ、最終的には捨てられる運命にある個人の持ち物はすべて、各段階において多少なりとも環境に害を及ぼす。害の中には、持ち主が直接もたらすものもあれば、知らない間にもたらしているものもある。だからこそなおさら、何かを買おうとするとき、製造者、消費者双方の立場から、次のように自問しなくてはならない。この製品は買う必要があるのか。ヨガをするのに新しいウェア一式が本当に必要なのか。すでにあるもので十分対応できるのではないか。そしてさらに、これは二つ以上の目的に使えるのかと。

私たちがかつて作っていた小型のロッククライミング用パックには、背負い心地をよくするため、背中の部分に薄いフォームパッドが付いていた。これは取り外し可能で、寒い季節の露営《ビバーク》の際には敷物の代わりにできた。ティトン山脈でクライミング仲間が落ちて腕を折ったときも、このフォームパッドと数本の付属ストラップで申し分ない添え木を作ることができた。

知識があればあるほど、必要なものは少なくなる。フライフィッシングの経験が豊かな人は、どんなときでも一本の竿《ロッド》と、一種類のフライ、一種類の釣り糸だけで、フライや装備をずらりと取りそろえたへたくそなフライフィッシャーを負かしてしまうものだ。私はヘンリー・デイヴィッド・ソローの言葉を肝に銘じている。「新しい服がなければやっていけない、といった事業には、すべて用心したほうがいい」

時には、一つのアクティビティのためにデザインされた製品が、ほかのアクティビティにも驚くほどうまく使えることがある。

パタゴニアのクライミング用ジャケットはクライマー向けのマーケティングを行っているにもかかわらず、花崗岩の壁ではなくスキー場のゲレンデで着用されることが多い。私たちはこうした変則利用にも留意するよう心がけている。最高の製品は、どんな消費者層に売り込むかには関係なく、さまざまな用途に使えるものだ。スキー用に買ったクライミング用ジャケットを、パリやニューヨークで吹雪の日にスーツの上に羽織《はお》れるなら、顧客はジャケットを二着買わなくてすむ。

冬用のジャケットをわざわざ買っても一年のうち九カ月はクローゼットに入れっぱなしになる。一着ですませるのにこしたことはない。より少なく、より賢く買うこと。そしてスタイル数はより少なく、デザインはよりよく作ること。

だが、私たちは用途の狭い、特定スポーツ用の製品も作っている。たとえばクライミングおよびスキー用（ジャケット）、フライフィッシング用（ベスト、ジャケット、ウェーダー（水中を歩くための防水ズボン）、ブーツ）、サーフィン用（トランクス）、パドリング用（ジャケット、ドライトップ（防水ジャケット）、PFD（ライフベスト））などだ。

これらを作るのには、二つ理由がある。一つは、私たちが対象としているスポーツに関しては、帽子から靴下まで、製品を一式提供したいからだ。これが顧客との結びつきを強めることになる。もう一つは、信頼を獲得したいからだ。スキーやフライフィッシングの愛好者に敬意を払ってもらえるよう専門家向けの製品を作り、私たちが最高のスキー用ジャケットのなんたるか、最高のフィッシング用ベストのなんたるかを承知していることを示すわけだ。

耐久性はあるか

この指針もまた、クライミング道具の製造者、つまり「長期の過酷な使用に耐えなくてはならない道具の製造者」という私たちの原点から生まれたものであり、現在では環境面からも重要視されている。

製品全体の耐久性が尽きるのは最も弱い部分が壊れた時点だ。究極の目標は、どのパーツもほぼ同時に、しかも長期の使用のあとに擦《す》り切れる製品を作ることだ。たとえばリーバイスのジーンズなどの一流製品では、膝に穴が空《あ》くのとほぼ同じ時期に、尻の部分やポケットにも穴が見つかる。

気にいっている道具の一つに、一九〇二年から斧（アックス）を作りつづけているスウェーデンの会社、グレンスフォシュ・ブルークスの斧がある。以下のエッセイが、そのカタログの冒頭に載せられている。

全体への責任

私たちが何を使い、何をどう作り、何を捨てるかは、実を言えば倫理観の問題だ。私たちは、「全体」に対して無限の責任を負っている。常に果たそうと努めているが、いつも果たせるとは限らない責任。その中に、製品の品質と耐久年数がある。

高品質の製品を作ることは、製品を買う人や使う人に敬意を払い、責任を果たす一つの手段である。高品質の製品は、その使用方法および手入れ方法を心得た人のもとにあれば、さらに耐久性が増すだろう。これは所有者、あるいは使用者にとって望ましいことだ。しかし、より大きな視点から考えても望ましい。なぜなら耐久性が増せば、使用する製品数が減り（原材料やエネルギーの消費を減らせる）、製造しなくてはならない量が減り（私たち生産者はほかの重要な活動、あるいは楽しいと思える活動により多くの時間を注げる）、捨てる量が減る（ごみを減らせる）からだ。

グレンスフォシュ・ブルークス
S-820 70 Bergsjö, Sweden
TEL: +46 652 71090　FAX: +46 652 14002
e-mail: axes@gransfors.com

ジーンズ愛好者と同じように、見苦しいほどボロボロになるまでパタゴニアの服を着つづける顧客がいる。
撮影：キャシー・メトカーフ

反対に、身につけるのに最もよくない製品例としては、一つの部品が故障するとほぼ捨てるしかない電子機器、ほかの部分はまだ新品同様なのにウエストのゴムがプールの塩素で伸縮性を失ってしまう高価な水着など、実にさまざまだ。これらのパンツも電子機器も技術的には修理可能なのだが、その代金が元の値段に比べて高すぎるため、たいていは捨てるほかない。

「貧しい者には安物を買う金銭的余裕はない」と言った人がいる。氷を砕こうとしてはじめて使ったとたんにオーバーヒートしてしまう安いミキサーを買うか、長持ちする高品質のミキサーを買えるようになるまで待つか。皮肉にも、長く待てば待つほど、出費は少なくてすむ――私の年齢になれば、「生涯使える」製品だけを買うのはいっそうたやすい。

パタゴニアでは、一つの製品について、構成要素すべての耐久性をほぼ同じにするため、研究室でのテスト、フィールドでのテストともに絶えず行っている。どこかが破損するまでテストを続けて、破損したパーツを強化し、次にどこが破損するか確かめて、またそこを強化し、を繰り返して、ようやくその製品に全体としての耐久性があると判断するのだ。

とはいえ、いつかは必ず修理が必要になるので、それが可能なようにしてある。たとえばジャケットのジッパーは、全体を分解することなく取り替えがきくようになっている。

顧客の体にフィットするか

アパレル業界の人間でない人は、この問題がないことをありがたく思うべきだ。メーカーがどうサイズ分けしようと――SサイズあるいはMサイズと呼ぼうと、健康的な体つきの人向けに、あるいはそうでない人向けにデザインしようと――必ずや一部の顧客だけが満足して、ほかの顧客は不満を覚えて立ち去ることになる。

パタゴニアでは、活動的で、スノーモービルや餌釣《ベイトフィッシング》りを楽しむ平均的な人々よりも体の引き締まった、私たちの中心《コアな》客層向けにサイズを定めている。コアな客層に満足してもらうために潜在的な顧客を失っていることになるが、それはしかたがない。

サイズの定め方は、製品ライン全体で一貫させなくてはならない。あるスタイルのシャツでMサイズを着る人は、別のスタイルでも当然、Mサイズを着られるようにするべきだ。どの製品も洗濯することなく買ってすぐにフィットするのが筋《すじ》だし、製品としての寿命がくるまで縮んではいけない。

機能的なウェアの場合、サイズ面で慎重に考慮すべき問題がもう一つある。別のウェアの上に重ねて着るのか、肌に直に着るのか、という点だ。また、クライミング用に細身にデザインした製品を、スノーボーダーやスキーヤーがもっとゆったりめに作ってほしいと要求するかもしれない。この場合は、製品のコアな客層であるクライマーに軍配があがる。スノーボード用ウェアや普段着として着る顧客は、そうしたければ、一つ上のサイズを選ぶこともできるからだ。

可能な限りシンプルか

「シンプルに、シンプルに」――H・D・ソロー
「"シンプルに"は、一つでよろしい」――ラルフ・ウォルドー・エマソンの返事

以前読んだ日本の本によると、ある人が、剣道の師匠の奥方に、敷き砂利の庭が美しいという賛辞を送った。「粗粒の砂を敷きつめた一角に、近くの小川で拾った石が三つ据えられて『心を揺さぶる力強い印象と調和』を醸し出していますね」。師匠の奥方はその誉《ほ》め言葉に対して「庭は未完成です。

三つではなく、ただ一つの石だけで同じ印象を与えられるようになってはじめて完成するのです」と答えた。

機能性から生じたデザインは、たいていは必要最小限《ミニマリズム》だ。換言するなら、ブラウン社のデザイン責任者、ディーター・ラムスの言葉どおり、「いいデザインとは最小限のデザイン」である。

複雑さは、機能面の必要性が整理されていないことの表れであることが多い。六〇年代のフェラーリとキャデラックの違いを例にとってみよう。フェラーリのすっきりしたラインは、高走行性能という目的にぴったり合っていた。かたやキャデラックには、さしたる機能的な狙いがなかった。ステアリングも、サスペンションも、トルクも、空力特性も、ブレーキも、その莫大な馬力に見合ってはいない。しかしキャデラックの場合、初めから機能的なデザインにする必要などなかった。必要なのはただ一つ、ハイウェイからゴルフコースへ運んでくれる移動リビングルームのパワーと贅沢《ぜいたく》感を体現することだ。だからこそ、もともと醜い輪郭に対して、後方にはひれ、前方には乳房というように、ごてごてした金属の飾りがこれでもかと加えられたのだ。

デザインにおける指針から機能性という規律が失われてしまうと、想像力は怪物さながら大暴れする。そしてデザインの結果も、怪物のような見かけになりがちだ。

優れた山岳用ジャケットは、飾りのごてごてついた六〇年代キャデラックの洋服版ではない。素材がより軽くて丈夫なら、肩や肘をバリスティック地（強度に優れたナイロン素材）で補強しなくてすむ。素材が透湿性に優れていれば、通気のために必要な重くて不恰好なピットジッパー（脇の下の通ンドフラップを省いてさらに軽くできる。

気用ジッパー）の世話になる必要はない。フロントジッパーの耐水性を十分高めれば、かさばるウィ

製品ラインアップはシンプルか

選ぶのが簡単な選択肢もある。ヤギのチーズをそのままで食べるか。チャイブを添えて食べるか。だが消費者にとって、たいていの選択はこれほど単純明快ではない。そして大半の人は、中華料理店の十二ページにも及ぶメニューから注文の品を決めたり、スキーショップに並ぶほぼ同じような百セットのスキー板から一つを選んだりする時間も、辛抱強さも、知識も持ち合わせていない。

最近は選択肢が多すぎる。絶えず決断しなくてはならないことに、みんなうんざりしている。賢明な決断を下すことが大変な状況、たとえば透湿性と防水性を備えた素材すべての違いを見分けて一つに決めるといった状況ともなれば、なおさらだ。たいていの人にとっては、男性向けか女性向けかを見分けるのでさえ難しい。そうした事情から、世界有数のレストランにはセットメニューがあるし、有数のスキーショップでは顧客の技能レベルに応じた板があらかじめ決めてある。

パタゴニアでは機能性を最優先しているので、多種多様な製品を用意する戦略はとっていない。競争相手の人気スタイルを次々に盗用していって、気がつけば機能のまったく同じスキーパンツが二十も生まれていた、という状況は考えられない。とはいえ、ときおり製品ラインアップが増えすぎて、製品間の違いがほとんどなくなることがある。そういう場合、パタゴニアは自らの理念に沿っていな

いことになる。

理念どおりに仕事を進めた場合、どのスタイルのスキーパンツにも固有の用途を持たせることになる。（女性向けも含めた）十分なサイズの幅と、過不足のない色揃えを用意し、長年にわたって効率的に製造できるよう業者と長期の契約を結ぶ。

その上で、定期的にどんどん改良を加え、より耐久性があって、透湿性が高く、動きやすく、シンプルかつ軽いパンツを生み出していく。このような一貫した取り組みを見てもらえれば、製品に対する私たちの自信、誰よりも作り方を心得ているという自負が伝わるはずだ。

どんな理由があろうと、理念から外れた場合、とても高い代償《つけ》を払うはめになる。一九九一年の秋、私たちは型と色の違う二十五種類の男性向け、女性向けフランネル・シャツを売り出した。それぞれ同じ数だけ作って顧客に好きなものを選んでもらい、売れ筋に関してはただちに再発注して、「売れ残り」はセールに回せばいい、という発想だった。

だが、ＳＫＵ（在庫管理の単位）が百二十五にも及ぶ製品をデザイン、製造、保管、カタログ掲載する費用についてはすっかり失念していた。それぞれの型にかかる労力を総計したところ、弾き出される数字は途方もなく大きかった。

このように一種類の製品について色と型を増やすことで利益が圧迫されるなら、種類そのものを急激に増やすとどうなるのか。ここに、興味深い公式がある。パタゴニアが製品の種類を（既存のものを減らすことなく）一つ加えるたびに、新しく二・五名の従業員を雇わなくてはならないのだ。

最も業績のいい企業は、作る製品の数をしっかり絞っている。また、業績の劣る競争相手よりも、使うパーツの数が最大五十パーセントも少ない。パーツが少ないことはすなわち、製造工程が短くて単純な（そして、ふつうは原価も安い）ことを意味する。また、不具合の生じる確率も減る――優れた品質が、自ずと約束されるのだ。優良企業では品質管理に必要な従業員の数が少ない上に、生じる欠陥も廃棄物も少なくてすむ。

ビジネスの天国があるとすれば、そこではどの企業も、防錆潤滑剤《ＷＤ４０》やボトル詰めした水のような、単純ながらもガソリンの二倍から四倍の値段で売れる商品を取り扱うだろう。

革新であるか、発明であるか

「創造性には二種類ある。ゼロから一を生み出す創造性と、一を千にする創造性だ」

――日本のスティーヴ・ジョブズ、西和彦

もしも死んで地獄に落ちたなら、悪魔は私をコーラ製造会社のマーケティング責任者にするだろう。どうしてもそれが必要だと言う人はなく、競争相手のものと品質が同じで、それ本来の特性では売ることのできない製品を扱って、コーラ戦争――価格、流通、広告宣伝、および販売促進をめぐる戦争――の真っ只中に身を投じるはめになる。

私にとっては、まさしく地獄。すでに書いたとおり、子ども時代、他人と張りあうゲームはまったくだめだったのだ。むしろ、ほかに類似品がなく、品質も卓越しているおかげで競争相手がいない、そんな製品をデザインして売るほうが性に合っている。

発明を成功させるためには、膨大な労力、時間、費用がかかる。さらに大きな発明となるとごく稀《まれ》で、最も才能のある者でさえ、市場性の高い発明を生むのは一生のうち数回あるかないか。発明にはときに三十年もの歳月がかかるのに、すでにあるアイデアをもとに生まれた革新はといえば、わずか

ベンチュラ・オーバーヘッドでのサーフィン。1998年。70年代初め、私のサーフボードのシェイパー、グレッグ・リドルとともに、このサーフ・カヤックをデザインした。私たちはサーフィンをしたいカヤッカーではなく、カヤックで波乗りをしたいサーファーであるという前提で作業にとりかかった。サーファーの視点からデザインしたおかげで、3つのフィンとクローズドデッキの付いたユニークな8フィートの「サーフ／ヤック」ができあがった。**撮影：リック・リッジウェイ**

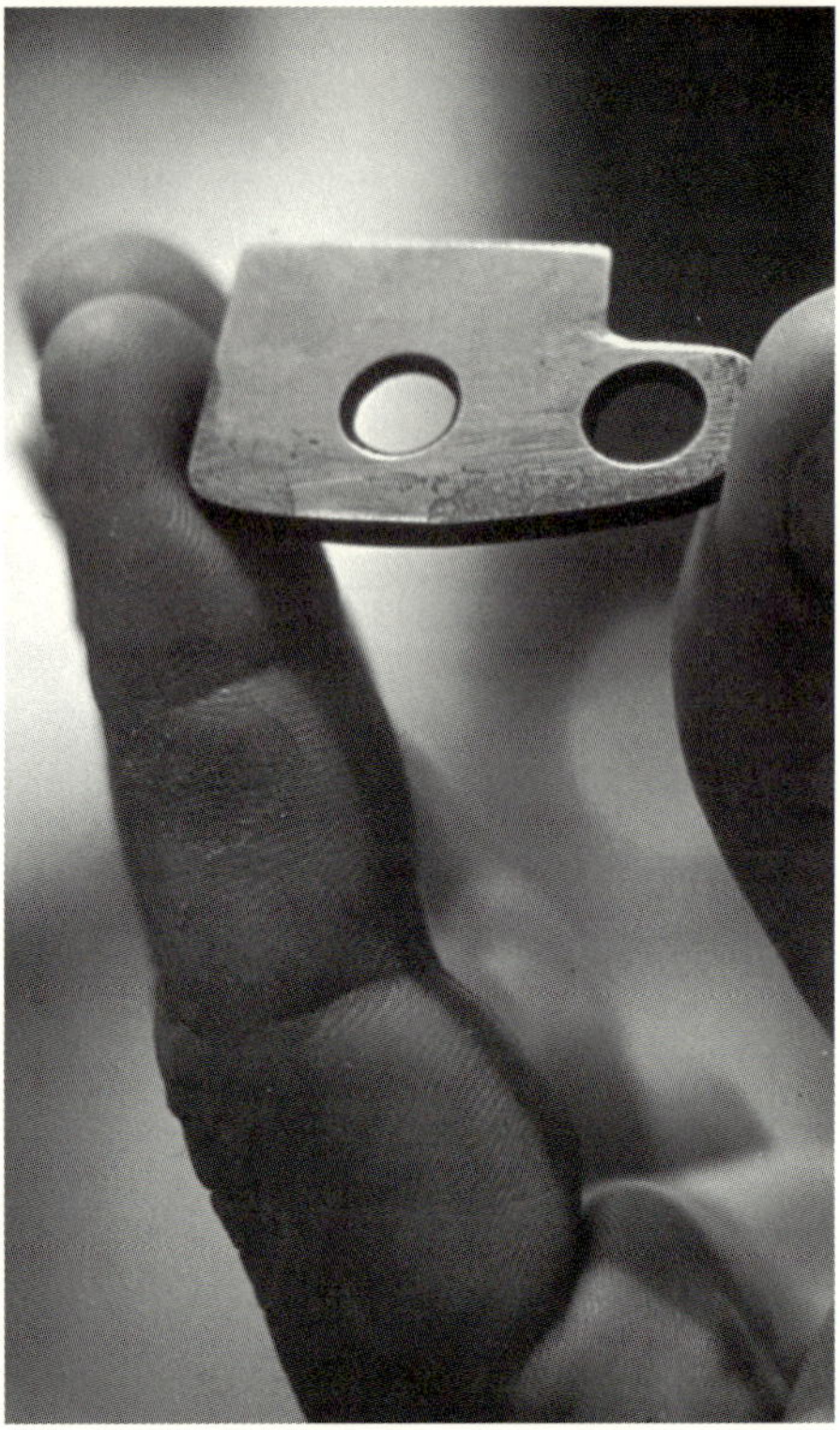

RURP（リアライズド・アルティメット・リアリティ・ピトン）は、私たちの数少ない本物の発明品だ。硬質クロムニッケル鋼製で、ごく細いクラックに打ち込むためのもの。**提供：パタゴニア**

数年、ことによると数カ月足らずで千にのぼる。つまり革新は、すでに出発点として既存の製品のアイデアなりデザインなりがあるため、はるかに短い期間で達成できるのだ。

意匠登録や特許の取得に重きをおく企業もあるが、革新に重きをおく企業のほうがはるかに業績を伸ばしている。たとえば典型的な発明国家であるアメリカと、究極の革新者である日本を比べてみれば、違いは一目瞭然だ。

特に衣料ファッション業界では、長い期間を要する純然たる研究に時間を割《さ》く余裕はない。バンティング・フリースにしても、パタゴニアが発明したものではない。ダグ・トンプキンスが着ていたフィラの起毛《ブラッシュド》したウールのプルオーバーを目にしたときに、ひらめいたのだ。そのプルオーバー自体はドライクリーニングでしか洗えないため、アウトドアには不向きだったが、そこから得たアイデアはポリエステルのバンティング、シンチラほか、多数のマイクロ・フリースにつながった。

スタンド・アップ・ショーツのデザインは、尻の部分が二重になったイギリス製のコーデュロイのショーツを改良したものだし、ほかならぬ大ヒット製品、バギーズのアイデアも、カリフォルニア州オックスナードのデパートで見かけたナイロン製ショーツから得た。

最終的にパタゴニアが完成させた製品はどれも、もとの製品より機能的で耐久性があって、はるかに優れている。本来の用途である動きの激しいアウトドア活動で使った場合は、特にそうだ。

創造的なシェフと同じで、私たちはアイデアを得るためのレシピとして「オリジナル」を眺めてから、本を閉じ、自分の料理に取りかかる。パタゴニアによる最高のデザインのいくつかは、最高の腕を持つシェフの「フュージョン（融合）」料理と同じなのだ。

グローバルなデザインか

自分たちの製品が世界一かどうかは、それが地球上のいたる所で販売され、使用されてはじめて判明する。とはいえ、その条件自体が問題をはらんでいる。

仮に、二つの会社、トマトザラス社とアクメ・トマト社があるとしよう。どちらも世界中でトマトを販売する会社だ。トマトザラス社はすべてのトマトをカリフォルニア州サンホアキン・バレーの巨大なアグリビジネス農場で栽培している。そのトマトは角張った形で、実は堅く、輸送に適していて、外国の港に到着後、消費者に届けられる前にエチレンガスで容易に完熟させられる。最新式の機械、ハイブリッド種子、さまざまな化学薬品を導入し、原価計算担当者を採用したのに加え、多額の灌漑《かんがい》補助金と輸出奨励金を受け取っているおかげで、世界中で価格勝負ができる。

一方のアクメ・トマト社はというと、販売する国でその土地に適したトマトを栽培する道を選んでいる。パスタの本場、イタリアではプラムトマト、味にうるさいフランスではみずみずしい、枝で完熟したトマト、といった具合だ。

私に言わせれば、トマトザラス社は、国際的にビジネスを展開しているアメリカ企業にすぎない。かたやアクメ・トマト社は、商品を各市場に合わせて作ることが大切だとわかっている、立派なグローバル企業と言える。

パタゴニアはカリフォルニアの企業だ。企業風土、ライフスタイル、デザイン感覚はいまもカリフォルニア流であり、ある意味、それを強みとしている。というのも、カリフォルニアは実に多言語の入り混じった土地柄で、人種的、文化的な多様性に富んでいるからだ。「四川風エンチラダ」といった料理が食べられる場所が、ほかにあるだろうか。

とはいえ、従業員がいまの限界を超えて、思考、デザイン、製造できるようになるまでは、パタゴニアをグローバルな企業とは呼べない。国際的にビジネスを行う企業ではなく、真のグローバル企業になるためには、現地の人々の好みに合わせてデザインし、機能性やサイズや色を適応させなくてはならない。私たちは今後、現地での生産を増やし、中央集約的な生産を減らしていくつもりだ。

何よりも大切なのは、グローバルな思考と行動を身につければ、新しいアイデアを次から次へと生み出せるようになることだ。しかも、そうしたアイデアの中にはアメリカ国内市場にも通用するものがある。

現在、サーフファッションが最も熱い土地はオーストラリアだし、私は長年、日本をたびたび訪れてはさまざまなアイデアを仕入れてきた。日本人は最高の西洋文化しか輸入しない。裏を返せば、最高のブルース音楽、最高のイタリアファッション、最高のフランスワインがすべて東京で手に入るのだ。

手入れや洗濯は簡単か

衣料品が環境に及ぼす影響を、ライフサイクル（すなわち生地の生産に始まり、染色、製造、流通、消費者による手入れ、廃棄に至るまでの一連の流れ）を通じて調べたとき、私たちは二大悪役が輸送と洗濯であるのを知って驚いた。中でも、販売後の手入れがもたらす害は、製造過程全体で生じる害の四倍にものぼると言う。

その上、どんな製品であれ、日常の手入れはおよそ退屈な雑用でしかない。その理由だけをとっても、手入れが楽なことは高品質の一つの基準になる。パタゴニアには、アイロンがけやドライクリーニングにわずらわされるのが好きという者は一人もいない。

きっと顧客も同じだろう。実用面での理由もある。旅先で着る服は流しや鍋の中で洗って山小屋に吊し干ししてもなお、帰りの飛行機で見苦しくない状態を保てなくてはならない。

だが、何よりも大切なのは、環境面への配慮だ。アイロンは電気の無駄遣いで、温水による洗濯はエネルギーの浪費、ドライクリーニングは有害薬品の温床。乾燥機の使用は、実際の着用による摩耗よりも衣料品の寿命を縮める――嘘だと思うなら、糸くずフィルターを確かめてみるといい。

賢い消費者、善良な市民として何よりも責任ある行動は、古着を買うことに尽きる。それ以外では、ドライクリーニングやアイロンがけを必要とするものは買わない。洗濯の際は水を使用する。できるだけ自然乾燥を心がける。二日以上袖を通してからシャツを洗濯に出す。旅用の衣料にはコットン百パーセントの素材ではなく、乾きの早い素材を選ぶ――などに留意すべきだろう。

付加価値はあるか

モンタナ大学のトマス・M・パワー博士の調査によれば、アメリカ人が物やサービスに費やす支出のうち、生命の維持にかかわる割合はわずか十から十五パーセントだと言う。健康を保つためにフィレ肉のステーキを食べる必要はないし、安全な暮らしのために延べ床面積が三百平方メートルを超す家に住む必要はない。水に飛び込むときに一着五十ドルのサーフトランクスを身につける必要もない。

人々は消費支出の八十五~九十パーセントを、生活の質の向上にあてている。五百グラムのフィレ肉も五百グラムのハンバーガーも栄養的にはさほど変わらないが、フィレ肉のほうに付加価値を見出して余分な出費をするわけだ。

コーラ戦争での宣伝文句とは違って、私たちは本物の価値を付加している。耐久性の高い優れた品質の製品は、アウトドアで申し分なくその機能を発揮する。私たちはどんな製品についても、それぞれの製品群で最高になるようデザインし、その域に達しないものは一からやり直す。

さらに言うなら、ただ主張するだけでなく、何をもって最高の製品と考えるのかを子細に定義する。耐久性と環境負荷の少なさも、そうした基準の一つだ。一方で、変化しやすい流行や意味のない華やかさは、考慮に入れない。

また、私たちは敬意を持って顧客に接している。アメリカ国内企業のお客様電話相談サービスはおおむね惨憺たるありさまなので(端末の処理能力が追いつかないとか、故意に長く待たされるとか、経営者がこの部門にまったく関心を払わないとか)、たいして努力しなくても、電話の応対をインドのサービス事務所に委託するようなまねさえしなければ、際立った存在になれるはずだ。しかし私たちは、さらに一歩踏み込んだサービスを実践している。

私たちは製造するすべての製品を保証することを自らに課し、それを重んじてきた。たとえそのために、大変な労力を払うことになろうともだ。

一例を挙げると、以前、一人の顧客が、長年着用したかなり古いパンツを、修理できないかと送っ

パタゴニアの品質保証

パタゴニアは、製造するすべての製品を保証します。万一、お受け取りになった時点でパタゴニア製品にご満足いただけない、もしくはご使用において十分な機能がないなどの問題点やご不満がございましたら、お買い上げいただいたショップ、またはパタゴニア日本支社までご返却ください。製品のお取り替え、もしくは修理をさせていただきます。製品のお取り替えが不可能な場合にはご購入代金をご返済いたします。なお、ご使用による摩耗や損傷の修理については実費をご負担いただくことをご了承ください。

てきた。修理可能な域をとうに越えていたため、私たちはそれを処分するという間違いを犯した。顧客は感情を害し、どんな状態であってもいいから、お気に入りのパンツを送り戻してほしいと強く望んだ。

私たちは（改良された新しい型の）代替品を無料で提供したが、顧客は自分が送ったものと同じ型、同じ色のパンツでないとだめだと言う。ならば、しかたがない。私たちは書庫をかき回して当時の型紙を見つけ、その次にしかるべき色のしかるべき布地を一反《たん》探し出した。ほどなく顧客は、古い型のパンツを、新品で取り戻したのだった。

顧客《カスタマー》サービス業務のすべてがこれほど処理に労力や費用を要するわけではない。だが、こうした余分な手間に価値があることを、私たちは知っている。シーズンが変わるたびに顧客が再注文してくれる率は、通販業界の平均よりもはるかに高い。実のところ、高すぎて比較にならないほどだ。

この世から消えるのを許してもらえなかった先ほどのパンツのように、私たちの製品の価値は時を経《へ》るうちに上がっていくこともあるようだ。東京には、ビンテージもののパタゴニア・ウェアだけを扱う店が何軒か存在する。

一九九八年に、私がパタゴニア東京・渋谷店のオープン記念パーティに出席したとき、二百〜三百

デナリ山登頂を果たしたあと、リック・リッジウェイと私は祝福気分で下山し、「釣り中毒の集う酒飲み村」を謳い文句にしたホーマーというアラスカ州の村で、マテ貝を掘った。この写真をカタログに載せたところ、ロバート・モンダヴィが手紙をよこして、私たちの手にしているのは彼の会社のワインであると指摘した。しかし、彼は掲載停止を求めるどころか、感謝の意を表明し、VIP待遇でワイナリーを案内してくれた。
撮影：ピーター・ハケット

人の得意顧客が集まって、飲み物と寿司を手に談笑していた。ふいに会場がしんと静まり、あちこちで歯の間から息を吸いこむ音が響いた。驚いたときや嬉しいときに日本人がよくする仕草《しぐさ》だ。見れば、一人の若者が、古いパタゴニアのジャケットをまとってさっそうと登場している。会場の誰もが、そのジャケットは一九七九年製のボーグライト・パイルであり、手に入れるために若者が大枚を払ったことをわかっていたのだ。

パタゴニアのロゴマークは訴求力があり、市場で高く評価されている。だが、私たちはこれを、二流のデザインを補う道具として使うつもりはない。製品はロゴマークと関係なく自らの長所で勝負するのが筋で、ロゴマークに「支えられ」てはならない。真価で判断されるべきなのだ。パタゴニアの製品は、その職人技と細部への心配りによって、遠目でもはっきり見分けがつくようにしたい。禅師ならば「真のパタゴニア製品にはロゴマークなど必要なし」と言うだろう。

本物であるか

誰かが以前、胸に「本物《オーセンティック》」とだけ書かれたスウェット・シャツを着ていた。ファッション業界があまりにも「本物」志向に毒されているため、いまやこの言葉はほとんど無意味になってしまった。

とはいえ、私たちは顧客から、本物を作ることを期待されている。たとえば、もともと狩猟用だったフィールドコートには背中に防血加工が施された獲物入れの「ゲームポケット」が付いているのが筋である。あるいはワークパンツが本職の大工、屋根葺き職人、石工による着用を前提に作られなくてはならないように、私たちがラグビー・シャツを売るとしたら、それを着てラグビーができるものでなくてはならない。

私たちは一九七五年に、香港のファッション衣料メーカーとラグビー・シャツの製造契約を結ぶという過ちを犯した。そして二〇〇二年、またしてもラグビー・シャツで過ちを犯した。

今回はあらゆる点から本物と呼べる作り――ラバーボタン、丈夫で分厚いニット生地、あらゆる縫い目の補強など――を心がけたが、ストライプだけは鮮やかな色にしたところ、まったく売れなかった。本物のラグビーの色ではない、というわけだ。私たちは二〇〇五年にようやく、正しいラグビー・シャツにたどり着いた。

芸術であるか

衣料、とりわけスポーツウェアのデザインにおいては、機能面の問題解決が常に求められるわけではない。「機能の神」に頭《こうべ》を垂《た》れつづける必要はない。パタゴニアのウェアには、遊びの精神も必要とされる。それがあればこそ芸術にもなりうる。流行は現在だけのものだが、芸術は永遠だ。実のところ、流行は過去の出来事への反応であるから、どんなものでも時代遅れと言える。いつか再びめぐってくるかもしれないが、それもまた必ず終わってしまう。

芸術としての衣料を考えるとき、真っ先に浮かぶのが、八十歳の女性が身につけていたナバホ・インディアンの「ブランケットコート」だ。白髪を後ろに固くまとめたその女性は、金持ちなのか、貧しいのかさえ見当がつかなかった。

そのコートは四〇年代に買ったのかもしれないし、母親から受け継いだのかもしれない。古くから伝わる本物のコートで、現代人が伝統の型をまねして作ったものではなく、まさに芸術作品だった。孫娘が受け継いで、さらに五十年着たとしても、なお品格を保ちつづけるだろう。値段の付けようがないほど貴重な一品だ。

流行と芸術の違いは、古着店で一ドル出せば買える五〇年代のハワイアンシャツと、ビンテージ店で三千ドル出してようやく買えるアロハシャツの違いに匹敵する。前者は色が華やかで「ハワイ的な」デザインだが、後者はポケットと襟が美しく調和し、プリント柄は芸術的だ。しかも上質な生地が持ちえるドレープと心地よい肌触り。前者はくず同然で、後者は芸術。イラストと絵画の違いをも思わせる――イラストレーターは、少ない筆運びで同じ感動を伝えられたときに画家になるのだ。

単に流行を追っているだけではないか

私たちは品質のよさを旨としているため、流行を競うレースにおいては亀の歩みしかできない。デザインと製品の開発については通常、一年半という長い日程表を組む――長すぎて、レースにはまったく名乗りをあげられないほどだ。

既製の生地を買うのは稀で、既製のプリントもまず買わないため、デザイナーやデザイン事務所とともに独自の絵柄を作るところから始めなくてはならない。オーガニックコットン製品については、原綿の段階からデザインおよび製造に取りかかることもしばしばだ。

しかも全工程を通じて、研究所やフィールドでのテストを実施している。また、入念な「予習」も行う。試作品をコアな顧客、バイヤー、直営店の従業員に示し、売れそうかどうか、そもそも製品化

禅

谷から冷気が吹き上げてくる。まだ夜明け前で、私は夜通しエル・キャピタンのノーズを登り、ヘッドランプのかすかな灯りを頼りに目の前の岩に精神を集中している。ふいに、いかに自分が疲れ、無防備で、しかも孤独で、頼るべきロープもなく、退却点はずいぶん前に通り過ぎている、ということが頭によぎる。激しい恐怖が体を突き抜ける。頂上のことを考えようとしたが、そうすることすら危険だ。

あるイメージが映像として浮かぶ。ニューハンプシャーのホワイト山脈で、父のあとを追って早朝の牧草地を抜けて行く自分。目指すはムースブルック、父のお気に入りの釣り場だ。私は父の背丈の半分にも届かず、露に覆われた草の茂みに足先から腰までなぶられている。

目的の川に到着。父は岩から岩へと飛んで川下へ移り、最初の深いよどみに達して、私を振り返る。水は氷のように冷たく、岩はねばねばした泥だらけ。あとについて行くのは怖い。痛みに耐えつつも、イバラの茂み、ぬかるみ、そしてブヨの大群の中を身を隠すように進むと、父に大声で呼ばれる。虫の攻撃に川べりまで押し戻されて、こわごわ足を踏み出し、あとを追おうとする。だが、緊張と不安とで、足を滑らし、川へ落ちる。氷のような水に息が止まりそうになるが、なんとか岩にはい登って、

父が戻って来るのを待ちながら泣きわめく。「釣りなんて大キライだ。家に帰りたい」

　父は首を左右に振り、その目がきらりと光る。

「ディーン、何もかも忘れるんだ。怖いものは何もない、あるのは冷たい水が少しだけ。次の一歩に精神を集中してごらん。父さんは川を下るのが楽しいよ。太陽の光が水にはね返って、踏み出すべき場所へ自然に体が動いていくから。頭をほとんど空っぽにして、ただ目の前の状況に反応しているだけなんだ」

　父は話し終えると、また川下へ戻る。私たちは岩づたいにゆっくり進み、レインボーやブルックトラウトを釣る。時間はたちまち過ぎ、自信が頭をもたげてくる。ほどなく私は、目を見開いて感覚を研ぎすまし、急流をひょいひょい下って行く。自分がいましがた、はじめて禅の教えを受けたのだとは知らないで。

　空気が体を持ち上げる。私はその瞬間をとらえ、次のホールド（手がかり）に腕を伸ばす。

——ディーン・ポッター（クライマー）

ヨセミテのワシントンコラムをフリーソロする“鉄腕”ディーン・ポッター。
撮影：エリック・パールマン

すべきかどうかといった意見を聞く。だから流行を追いかけようとすれば必ず、六カ月から一年ほど遅れをとる。ゆえに間抜けに見えてしまう。

中心客層《コアな》のためにデザインしているか

私たちの目には、すべての顧客が等しく映るわけではない。贔屓《ひいき》の顧客というのは、確かに存在する。それはコアな顧客であり、実質上その人たちのために、ウェアをデザインしている。もっとわかりやすく言うなら、顧客層をいくつかの同心円と見なしたとき、その中核に位置するのが、私たちの対象とする顧客層だ。

この人たちは収入を気にせずに好きなアウトドアライフをつきつめて楽しむ「ダートバッガー」であり、たいていはパタゴニアの服を買う金にさえ困っている。どういう人たちなのか、具体的に説明しよう。

オードリー・サザーランドは、驚くべきハワイ人の老婦人で、その人生は空気注入式《インフレータブル》カヤックの旅を中心に回っている——しかも単独の旅だ。アラスカからブリティッシュ・コロンビアまでの沿岸およそ千三百キロを航行したうち、実に千二百キロ余りが単独で、さらにギリシア諸島、スコットランド、ハワイなど合わせて数千キロに及ぶ航行を経験している。

一人でパドルを漕ぐことについて、オードリーはこう話した。

「周りの自然に溶けこんでいって、自分が岩か、茂みか、魚になったみたいに、心が通じ合う。自然の一部になるのよ」

また、こんな助言もくれた。

「道具にお金をかけちゃだめ。そんなお金があったら飛行機のチケットに回しなさい」

彼女は八十歳を過ぎてなお、北太平洋で本格的な航行を続けている。

ヨセミテにあるエル・キャピタンの「ノーズルート」を登るとき、ディーン・ポッターは雨具を携行しない。昼食にはキャンプ地に戻るからだ。だが、自分が使う道具に関しては、製品テスターの一人としてさまざまな意見を返してくれる。

ディーンをはじめとするクライミング、サーフィン、カヤックのアンバサダーたち[1]や「プロパーチェス・プログラム[2]」の何百人という専門家たちは、その分野において世界でも有数の人々だ。彼らは革新者であり、その行動は各分野の最先端技術を形づくっていく。

（1）「パタゴニア大使」のような存在。フィールドあるいは、メディアでの露出だけではなく、製品のフィードバックや開発、そして自らの活動を通じてアウトドアスポーツのすばらしさや、フィールドの大切さといったメッセージを発する重要な役割を担う。
（2）スポーツや環境活動など、アウトドア活動に傾倒したライフスタイルを送り、生活の大部分をフィールドで過ごす人たちに、特定の割引価格で製品を提供するプログラム。

下調べをしたか

私たちが成功したのはリスクを負うのを厭《いと》わないからだと言う人もいるが、私に言わせれば、それがすべてではない。彼らは気づいていないようだが、私たちはちゃんと下調べ《ホームワーク》をしているのだ。

アンダーウェアの素材をポリプロピレンからキャプリーンへ転換する前の数年間、自分たちで生地の開発を行い、研究所でテストを行った。また、半分はキャプリーン、半分はポリプロピレンの組み合わせでたくさんの上衣《トップ》と下衣《ボトム》を作って、大規模なフィールドテストを繰り返した。市場については知識があったので、自分たちは間違っていないという絶対的な確信を持てた。

パタゴニアのデザインは頻繁に未知の領域に足を踏み入れる。あらゆる調査を行ってもなおイエスかノーかはっきりしないため、一か八かの決断を下さなくてはならない。以前、思いきって日本からリーフウォーカー――滑りやすい岩の上を歩くためにフェルトの裏をつけた足袋――を二万足輸入したが、結局、処分するはめになった。

逆に、思いきってポリプロピレンをキャプリーンに移行したのは、成功だった。的を外そうが大当たりしようが、パタゴニアのデザイン環境は個人主義を奨励している。危険を冒すことは、山登りに出かけるにせよ、夢の実現に向けて借金を負うにせよ、驚くような製品をデザインするにせよ、パタゴニアの文化全体において、とりわけデザイン環境において、尊重される要素だ。市場の流行よりも、強いひらめきのほうが重んじられる。

パタゴニアでは従業員みんなに「変わり者」になれ、あえて危険を冒せと奨励している。だが殉職者にはなってもらいたくない。殉職者とは、時代の餌食であり、先を行きすぎた者のことを言う。リスクを負う際の問題は言うまでもなく、危険をともなうことだ。リーフウォーカーは金銭的な成功を収めなかったが、キャプリーンは収めた。

事前の調査研究、とりわけテストを行えば、リスクを最小限にとどめることができる。テストはパ

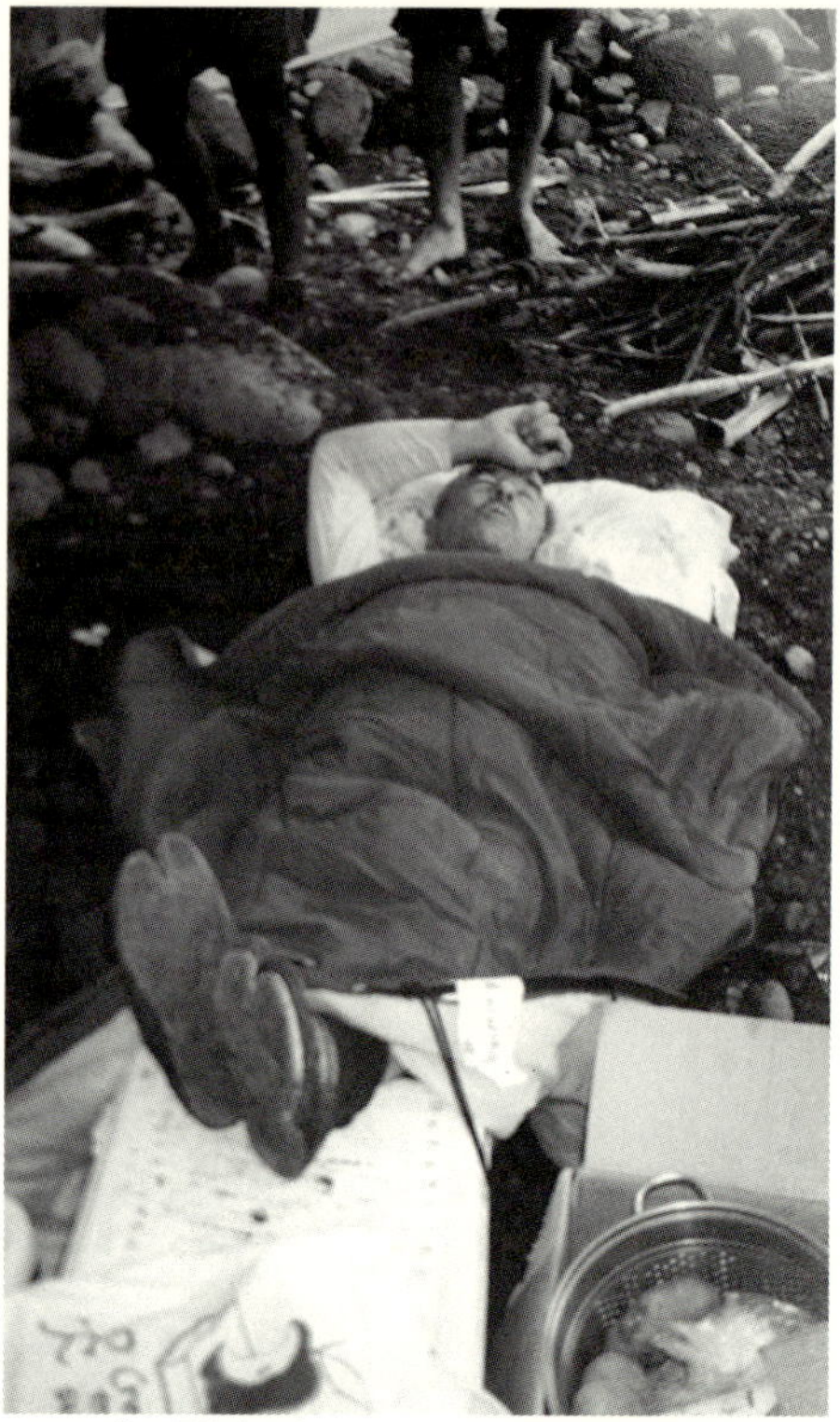

ハワイの釣り用具店で売られているリーフウォーカーを目にしたとき、私はあらゆるウォータースポーツに適したすばらしい靴だと考えた。ところが、会社の人間は誰一人、この製品に情熱を示さなかった。クリス・マクディヴィットは特に難色を示し、オフィスの梁の１本に消えないインクで「ボスは私に2万足のリーフウォーカーを注文させた」と書いて、私に署名させた。数年後、ハワイのモロカイ島北部をシーカヤックで回っていたとき、ボルダリング中に足を滑らせて落ち、肘の骨を折って、情けなくも救出されるというできごとがあったが、このとき私はリーフウォーカーを履いていた。**撮影：レラ・サン**

タゴニアの工業デザイン過程において不可欠な要素であり、あらゆる段階で行うべきものだ。

その内容は、競争相手の製品をテストしたり、とりあえず「やっつけの」テストを行って新しいアイデアをこれ以上追う価値があるかどうか見極めたり、生地テストを行ったり。また、新製品と「生活をともに」してどの程度売れそうかを判断したり、製品見本の機能性や耐久性などを試験したり、テストマーケティングを行って製品が売れるかどうかを確かめたりと、多岐にわたる。

"完全な" スコットランドの気候下で製品をテスト中。1969年。
撮影：ダグ・トンプキンス

タイムリーであるか

「自分のアイデアをみんながいいと褒《ほ》めたら、そのアイデアは時代遅れだ」

――ポール・ホーケン

ビジネスとは、誰が真っ先に新製品を顧客に届けられるかの競争であり、発明やアイデアは、世界中で無関係な複数の人間によって同時に生み出されることも多い。まるで、どんなアイデアにも「潮時」があるかのようだ。

一九七一年、シュイナード・イクイップメント社は独自の変六角柱《ヘキセントリック》型のクライミング・チョックを発売した。サイズが十種類もあったため、ダイスや工具にかなりの金がかかった。

売りはじめてから数カ月後、友人のマイク・シェリックがもっと汎用性を高めるためのデザイン変更案を出した。その二カ月後、ノルウェーのクライマーがまったく同じ案を手紙に書いてきた。私たちはただちに道具をすべて廃棄し、新しいダイスに金を注《つ》ぎ込んで、一九七二年に新しい「多極《ポリセントリック》」型ヘキセントリックを売り出した。皮肉にも、ある競争相手がまったく同じ月に、いまや時代遅れになった古い型のヘキセントリック・チョックを完全に模倣して発売したのだった。

一九八〇年には、耐久消費財《ハードグッズ》の平均寿命は三年だった。それがいまや、三カ月足らずになった。もはや「がちがち《ハード》に」工作機械を設置する時間的余裕はない。以前は数カ月ないし数年かかったのに、いまではコンピュータ支援フライス盤または旋盤に専用チップを装着すると、ものの数時間で部品を製造できる。

真っ先に製品を市場に出せば、マーケティング上きわめて有利な立場につける。競争相手がいないというのも、その一つだ。二番手になってしまうと、より優れた製品をより安く提供しても一番手にかなわないことが多い。

とはいえ、流行なり新製品なりを「追いかけろ」と言っているのではない。それよりも新しい生地、新しい工程を「発見する」ことが肝要だ。重ねて言うが、発明するのではなく、「発見する」こと。単純なことだ。発明にかける時間的余裕はない。

会社中くまなく緊迫感を保ちつづけるのは、ビジネスにおいてとりわけ難しい課題だ。外部の納入業者に頼らざるをえない場合、相手がもともと同じ感覚を持っていない可能性もあるので、問題はさらに深まる。私にしても、なぜこれができないか、なぜ作業が期限までに終わっていないかについて、へたな言い訳をしょっちゅう聞かされる。たとえば、こんな感じだ。

「お力になれればよかったんですが……」。サービス担当者がこの言葉を口にするのを、何度耳にしたことだろう。本心から言ったのではなくて、ただ怠けているだけであるのを、こちらも承知しているのに。

「ライスの代わりにベイクドポテトをお持ちできればいいのですが、料理の差し替えは認められていません」あるいは「それが可能ならいいのですが、あいにく保険契約に認められていません」。つべこべ言い訳せず、やればいいではないか。あるいは別の保険契約を結ぶとか、保険そのものをやめるとか。熱に耐えられないなら、キッチンから出ればすむ話だ。

「これ以上は生地（またはアルミニウムでも、なんでも）を用意できません」。ならば別の素材で代用するか、ほかの工場を五十でも百でもあたればいい。他国の工場を試してみるのもいいし、競争相手に電話をかけて、どこで同じ素材が調達できるのか探りを入れてもいい。

「何度も何度も電話したんですが、つながりませんでした」。実際には、何回電話をかけたのか。三回、それとも四回？　ならば二十回かける。あるいは電報か書留郵便を利用する。でなければ、朝の五時に自宅にモーニングコールをかけて話をすればいい。

「コンピュータがおかしくなってしまって」。だからどうした、五十年前にはそんなものはなかったではないか。おかしいのはコンピュータではなく、人間のほうだ。クズ情報を入力すれば、出力だってクズになる。「コンピュータ端末が全部ふさがっておりまして」。これは事実かもしれないが、やろうと思えばタイプライターか、懐かしい黄色い消しゴム付き鉛筆を使って同じ仕事ができるのではないか。

「時間がなくて」あるいは「忙しくて」手紙の返事が書けなかった、折返しの電話をかけられなかった、週報を書けなかった、机を片づけられなかった……。これらは嘘の言い訳だ。これらの言葉の裏に隠れた真実は「優先度合いが低いからまだやっていない」のであり、もっと言うなら、やりたくないというのが本心だから、いくら待っても折返しの電話などかかってこない。人はやりたいことをやるものなのだ。

最後に、「それは不可能です」。へたな言い訳の最たるものではないか！　難しいとか、非現実的だとか、費用が高すぎるといったことはあるかもしれないが、「不可能な」ことはめったにない。

競争の先頭に立ちつづけようと思うなら、アイデアは源にできるだけ近いところから得なくてはならない。専門的な製品の場合、私たちの「源」はダートバッグのコアな客層だ。彼らこそが製品を本来の目的で身につけ、何が使えて何が使えないか、さらに何が必要かを見つけ出してくれる。

これに対し、営業担当、ショップ経営者や販売員、フォーカスグループ（商品などの調査を行うために集められた少人数の消費者グループ）の人々はたいてい、先を見通すことができない。できるのはただ、いま何が起きているかを伝えることだけ。たとえば何が流行《はや》っているか、競争相手が何をしているか、何が売れているか……。「コーラ戦争」の渦中にあるなら、彼らは格好の情報源になるが、最先端の製品を作りたい場合、その情報は古すぎる。

不必要な悪影響をもたらしていないか

ウェアの品質に対する責任は、デザイナーが第一に負う。同じように、ミッション・ステートメントの二つ目に掲げる「環境に与える不必要な悪影響を最小限に抑える」もまた、おおむねデザイナーと生産管理者の責任だ。

パタゴニアでは目下、素材および製造過程の環境アセスメントが進行中だが、それによって、自分

ここでは遺伝子組み換え作物（GMO）も特許種子も関係ない！　次回の植え付けのために、ヘンプの茎を振って種を落としている。中国の山西省。**撮影：ジル・ブラホス**

たちのビジネスがどんな悪影響をもたらすのかわかってきた。時として、さらに調査の必要性が生じることもあれば、「最高の品質」と「悪影響を抑えること」の板挟みになって途方に暮れることもある。

たとえば、一九九〇年にはじめてカタログに再生紙を使用したとき、品質面で大きな打撃を被った。だが、次のカタログでは質がよくなり、いま使っている再生紙は申し分のない役割を果たしてくれている。

当然ながら、私たちは今後、工業的に栽培されたコットンからはウェアを作らない。有毒な染料を使わず、再生素材を使い、責任を果たす企業とだけ取引きするよう心がけるつもりだ。

だが、まだまだ私たちの歩みに満足してはいない。コットンの栽培は、たとえオーガニック農法であろうと、貴重な農地の使い道として最善ではない。廃棄材の一部を再生したり、ペットボトルをリサイクルしてシンチラ・ジャケットを作るだけでは、十分ではない。

洋服の種の蒔き方

私たちは曲がりくねった道路を車で数時間走り、中国は山西省の山岳地に分け入った。ここを訪れた目的は、ヘンプ（麻）の栽培地を視察すること。ヘンプの栽培は複雑なため、この目で見ないと理解するのが難しいのだ。

到着するまではてっきり、人里離れた長い道の終わりで目にするものは、一人の農夫が世話する一つの畑だと思っていた。ところが驚いたことに、村全体がめまぐるしく立ち働いているではないか。点在する畑のほとんどは三週間前に収穫が終わっていたが、小さな区画が一つ、私の視察のために残されていた。この中国辺境の地は、まさに旱魃の真っ只中にあって、今年は作物の丈が低いという。ここのヘンプは雨水を頼りに栽培されている。灌漑用水もなければ、化学薬品も用いない。昔からずっとこのやり方で栽培されてきた。肥料は、畑を自由にうろつく鶏や牛からの恵みだけ。除草剤や殺虫剤は用なしだ。

村のほぼ全員が、パタゴニア向けの生地を織る工場へヘンプを送り出す準備をせわしなく行っていた。ヘンプの束が畑に積まれて天日干しされている。種と茎が分けられ、茎のほうは川へ運ばれ、水浸し作業（繊維をほぐして髄からはずしやすくする処理）のため水中に沈められる。私は一人の老人を見守った。水浸しを長年やってきたのが、ひと目でわかる老人だ。水が茎をちゃんと覆い、かつ時期がきたら簡単に回収できる深さの場所を、慎重に探っている。いまは川が浅いせいで、しかるべき場所を見つけるのにかなりの時間がかかった。やがて水浸しが完了したあかつきには、茎から固い繊維が外されて、工場へ運ばれる。

実に驚きの光景だった。村全体で作業して、いま私が着ている服を作っていたのだ——しかも、種から。

——ジル・ブラホス

私たちは作るものに責任を持つ必要がある――誕生から死まで、そして死を越えて生まれ変わるまで。建築家にしてデザイナーであり作家でもあるビル・マクドノーが言うところの、「揺りかごから揺りかごまで」と同様に。

つまり、無限に再利用可能なポリエステルやナイロン6のようなポリマーからパンツを作る。それが着古されてついに擦り切れたあかつきには、溶かして樹脂に変え、そこからまた別のパンツを作るという過程を繰り返し行うのだ。

いつか顧客が履けなくなったパンツを再生のために返却してくる時代になったら、賢明な企業家はできる限り長持ちするパンツを作ろうとするはずだ。製造したパンツがたちまち戻ってくる光景など見たくはない。

結局のところ、不必要な悪影響を抑えるためにできる最善の努力は、品質が最高の製品を作ることだ。耐久性があって、機能的で、美しく、シンプルな製品を。

製造の理念

「アイルランドでは何世紀にもわたって、女たちが船乗りの夫のためにセーターを手で編んできた。縄編みされた厚手のウールは、過酷な自然から夫の身を守ってくれる。女たちはそれぞれ、すぐに見分けのつく家族固有の模様を編み込むが、それは愛情と誇りの表れであり、同時に、夫が海で行方不明になって遺体が海岸に流れ着いたとき、本人確認をする手段でもある」

――筆者不詳

当然ながらパタゴニアは、海を見おろす断崖の小屋でランプの灯りを頼りに手編みする一人の人間よりは、はるかに多くのセーターを作り出せる。しかし、彼女には大きな武器がある――セーターの品質を判定する両眼と両手だ。

パタゴニアにとって、あるいはどこであれ本気で最高の製品を作ろうとする会社にとって、手編みの場合と同じような品質へのこだわりや最終的な仕上がりを念頭においた作業過程を、工業的な規模で再現することは、大きな課題となる。しかも、いまやその課題には、複数の大陸にまたがるいくつもの会社がかかわっている。

すべての製品を同じ種類の中で最高のものにしようと決意したら、最も入札価格の低い委託業者に型紙なり青写真なり見本なりを渡すだけで、自分の思い描く製品が得られると期待してはならない。製品に自社のブランドを、言い換えれば「すぐに見分けのつく家族固有の模様」を付《ふ》すならば、その模様を完全に複製できるよう、納入業者や委託業者と緊密かつ効果的に協力し合うべきだ。

製造の指針のうち、パタゴニアのデザインを忠実に形にするために欠かせないものが六つある。以下に説明しよう。

デザイナーを製作者と密にかかわらせること

鍛冶屋をやっていた頃、工作機械の準備とクライミング道具作りの一部をバーバンクにあるハロルド・レフラー工作所に外注していた。ハロルドは製図工であると同時に、工具およびダイスの作り手で、五十年に及ぶ実践経験の持ち主だ。

私たちは彼のことを、ハロルドと呼ぶのと同じぐらい、「名人」と呼んでいた。超一流の腕前を認められ、ごく小さな工房をやっているにすぎないのに、アメリカ中の航空機会社からプロジェクトに加わらないかと誘われていた。

ハロルドはよく、エンジニアから受け取る設計図を冗談の種にしていた。

「過剰設計にもほどがある、本当に必要な額の十から二十倍も製造費用がかかって、たいていの場合、作ることすらできない」

私はといえば、エンジニアリングの知識は皆無だが、どんな性能のカラビナやアイススクリューがほしいかはわかっていたので、簡単なスケッチか木彫りの見本、あるいは頭の中のアイデアだけを携えて彼のもとを訪れ、二人で協力し合って実現可能なデザインを生み出していた。やがて、有能なエンジニアかつ製図工のトム・フロストが私の共同経営者になったが、そのあとも、デザイン過程のあらゆる段階でハロルド・レフラーに助言を求めた。

ハロルドとの付き合いから、「デザイナー」にとって「製作者」との早い段階からの共同作業がい

名人、ハロルド・レフラー。1970年代。**撮影：トム・フロスト**

かに大切かを学んだ。これはあらゆる製品について言えることだ。家を建てるとき、基礎作りのためにセメント車が現れる前に、設計士と建設請負会社が協力して設計図の現実的な問題を解決しておけば、作業はより円滑に進み、かかる費用も減るだろう。

同じように、よりよいレイン・ジャケットを作りたいなら、製作者は製品に必要な機能を初めから理解しておくべきだし、逆にデザイナーは今後どんな工程を経るのかわかっていなくてはならない。できあがるまでは全員が作業にかかわりつづけ、チームとして働くことが肝要だ。

マイケル・カミ博士は、このチーム手法を「同時進行《コンカレント》」と呼んで、組み立てライン製造の対極に位置づけた。後者の場合、一工程の責任が段階的に次の工程に引き渡されるのに対し、コンカレント手法ではデザインの最初の段階から全員が参加する。

カミ博士の指摘によれば、デザイン段階で生じる製造費用は全体のわずか十パーセント程度だが、この段階の決定は残りの九十パーセントに変更不可能な影響を及ぼす。また、デザイン段階を過ぎても協力を続けることが、きわめて大切になる。

設計者の意図を知らないまま建築業者が現場で変更を加えるのはよくあることだが、それと同じように、縫製の委託業者が自分たちの作業慣行に合うように縫い目の構造を変えて、レイン・ジャケットの性能を骨抜きにしてしまうこともあるだろう。

納入業者や契約業者と長期の関係を築くこと

パタゴニアは、紡績工場も縫製工場も持ったことがない。たとえばスキー・ジャケットを作る場合、紡績工場から生地を買い、ほかの納入業者からジッパーや縁飾りなどの装飾品《トリム》を買い入れて、それから縫製を外注する。一つの製品作りにおいて、品質を落とすことなく、これほど多くの会社と効率的に作業を進めるには、従来のビジネス上のかかわりよりもはるかに深い相互の献身が必要になってくる。相互の献身には育成と信頼が必要であり、そのためには個人的に時間とエネルギーを割くことが求められる。

そうした事情から、私たちはできる限り少ない数の納入業者や契約業者と、できる限り多くの取引きを行っている。このやり方のリスクは、一社の遂行能力への依存がきわめて高くなることだ。しかし、それこそが自分たちの求めるところだ。というのも、これらの会社もまた、私たちに依存しているからだ。互いの成功の可能性が結びついているのであり、私たちは友人や家族のような、相互の利益を願うビジネスパートナーとなる。相手にとっていい状況は、自分たちにとってもいい状況なのだ。

もちろん、そうした関係を結ぶにあたっては、注意深く相手を選ばなくてはならない。私たちが納入業者なり契約業者なりを選ぶ際、真っ先に注目するのは、相手の仕事の質だ。それがあまり高くない場合、どんなに価格が魅力的であろうと、彼らが頑張って質を上げてくれるだろうなどという幻想を抱きはしない。

格安スーパー向けのショーツを縫っていた契約業者が、パタゴニアの仕事を請け負っても、ビジネス的になんの得にもならない。こうした最低価格ベースで仕事をする縫製業者は、私たちの求める技術を持つ縫製工を雇ったり、進んで作業環境や環境基準などの視察を受け入れたりはしないものだ。

一方、高品質の生地を納める業者や縫製技術の高い契約業者は、たいていの場合、私たちを魅力的なビジネスパートナーと見なしてくれる。優れた仕上がり、熟練した従業員、良質の作業環境などを評価して、しかるべき対価を支払う会社だと知っているからだ。また、世間の評判から、私たちが長期にわたる関係を築いて、生地の購入を確約したり、縫製ラインの速度を一定に保ったりするよう努めることも知っている。

望みどおりの納入業者なり契約業者なりが見つかった場合、互いの意思の疎通は、社内の部門間と同じぐらい緊密に行わなくてはならない。パタゴニアの製造部門は、会社全体の指針および製品ごとのデザイン上の目的を、紡績工場に、あるいは「縫い針」にきちんと伝えて理解させる責任を負う。契約責任者はあらゆる面においてパタゴニアの代表となって、製品の品質基準、環境的および社会的な懸念事項、ビジネス倫理、さらにはアウトドア企業としてのイメージすらも相手に伝えなくてはならない。

私が思うに、パタゴニアは一種の生態系《エコシステム》であり、業者や顧客はその欠かせない構成要素である。システムのどこかに問題が生じれば、やがて全体に影響が及ぶため、有機体のすみずみまで健康に保つことが一人一人の最優先事項となる。裏を返せば、これは階層の上下あるいは社内外の別なく、誰もが会社の健全性に——そして製品の完全性と有用性に——重要な役割を担うことを意味する。

納期やコスト削減より品質を優先

あらゆる会社のあらゆる製造部門には、高品質の製品を、期日通りに、妥当な価格で納品する務めがある。これら三つの務めを対立させず互いに補完させるのは経営者の役目だ。万一、どれか一つを選ばなくてはならないとなったら、どうするか。

パタゴニアは品質を最優先する。例外はない。もっと販売志向に強い会社なら、期日通りの納入を実現するために品質を犠牲にするかもしれないし、量産メーカーは最低価格を保つために、品質と期日通りの納入とも犠牲にするだろう。だが、世界一の製品を作ることを誓約した以上は、店頭にあるうちから色褪《あ》せする生地や、壊れやすいジッパーや、とれやすいボタンを許容することはできない。

言うまでもないが、期日通りの納入、あるいは手頃な価格を犠牲にして品質を選んだ場合、間違っても自分を褒めてはいけない。経営者としてすでに失敗しているのだから。本来であれば、三つの目標すべての実現に努めるのが筋であり、その上で品質が「何よりも優先」されるのだ。

果敢に挑め——だが下調べは欠かすな

一九六八年、南米パタゴニアを目指して車を走らせている途中、涼《りょう》をとるために、コロンビアの密林の川べりに停車した。私は橋の上からコーヒー色の水へまっさかさまに飛び込んだ。そして、水面下わずか三十センチの砂州に頭を突き入れた。割れるような衝撃に襲われ、身動きがとれず、しばらくは息をすることさえできなかったが、やがて五感が戻ってきた。あとからわかったのだが、頸椎《けいつい》を圧迫骨折していたらしい。

なんとも危険な、ばかなまねをしたものだ。だが、川に飛び込むという目標を、妥協なくかつ安全にやり遂げることも不可能ではない。高いところから飛び込む際の留意点をあらかじめ学んで、飛び込み地点の深さが十分あるか測っておけばいい。

次のような仮説を考えてみよう。スポーツウェア部門の製造ライン責任者、ジェイン・スミスが、品質を落とすことなくバギーズの生産コストを一ドル減らせる機会があると判断した。そこで製造部門は、長年まずまずの品質の製品を作ってきた工場から手を引いて、新しく見つけたパナマの工場と契約した。

一度も取引きのなかった工場に十五万四千着ものバギーズを発注するのは、途方もなく大きなリスクに思えるだろう。確かに、下調べをしていないとすれば、愚《おろ》かな行為だ。私たちは人を派遣して工場を視察させ、機械オペレーターたちの技術レベルや待遇はどうか、経営陣は実直であるか、しかるべき機械を備えているか、こちらの品質基準を理解しているかを確かめさせた上で、初回の生産工程の間ずっと、品質管理検査係を工場に駐在させておく。

こうした条件のもとならば、危険を冒してでも、十五万ドルの追加利益を追求する意味はあるのだろうか。私はあると思う。繰り返すが、弓道であれ何であれ、禅における手順では、いったん目標を見極めた上で、その目標を頭から消し、過程に精神を集中させるのだ。

急がば回れ

取れかかったボタンを例にとり、それを見つけた人物しだいでどんな結果が生じるか考えてみよう。たとえば、顧客が洗濯機からパンツを引っぱり出したとき、その手の中でボタンが取れたとしよう。会社全体および提携相手の犯した失敗は、この上なく大きい。かなりの労力を払って得た顧客だが、その人はもう、私たちの品質に関する主張を全面的に信じてはくれないだろう。

それよりましなのは、製品が港から到着したあと、配送センターの品質管理検査係が抜き取り検査を行った時点で発見することだ。そうすれば、さらに検査を行って、ボタンが取れそうなパンツとその包みをすべて回収し、縫製室へ送ってボタンをすべて付け直した上で、また包みに詰めて箱に入れ直せる。確かに、ましな方法だ。だが費用はかかるし、その日が納入期限であったら間に合わない。

もっといい方法は、ボタンを縫い付ける機械をよく調べて原因を突きとめ、たとえば上糸と下糸がきちんと噛み合っていないことが原因だとわかったら、契約業者に依頼して、すべての機械オペレーターに糸を一回余分に通してもらうことだ。ラインの流れは少し遅くなるが、損失は小さくてすむ。

とはいえ、どんな方法よりも格段にいいのは、もっと前の段階、まだ最初の製品見本を作っているときに、機械上の問題を見つけることだ。その場合でも、選択すべき道はたくさんある。たとえば、契約業者に旧型の本縫い《ロックステッチ》ミシンを五台買い与え、その代金は時間をかけて一台分ずつ返済してもらうという方法もある。

一九九一年に私たちが最終的に選んだ方法が、まさにこれだった。とはいえ、そこに至るまでには前記のあらゆる段階を経ることとなった。おかげで、まず初めに製造設備をきちんと整えることに余分な手間をかけるほうが、流れの後ろで余分な手間をかけるよりも、はるかに安上がりなことがわかった。最高であることを誓約したなら、どのみち製造工程のどこかで余分な手間が必要となってくる。ならば、最初にやったほうがいいではないか。

この例が示すように、初めから適切に作業を進めたいのなら、仕様を綿密に定めておくだけでは足りない。大事なのは、納入業者や契約業者としっかり協力すること。デザイン基準を満たすための知識や道具を彼らが得られるよう、しかるべき手段を講じる必要がある。双方が同じ基準を掲げて努力しているなら、さほど難しくはないはずだ。

当然ながら、私たちはかなりの労力を割いて、従業員と経営者の関係が健全な工場を選ぶようにしてきた。提携の候補となる工場がどのように従業員を扱っているかを調べ、当の従業員たちと面談をして工場についてどう考えているかを探り、地域住民に接触してその工場の雇用歴が望ましいものかどうかを確かめる。

だが、ときにはそこまで追求しない場合もある。また、好ましい職場としてのほかの要素をたくさん持ちながら、私たちにとっては当然と思える要素をいくつか欠いた工場もある。ひとえに、それらの要素が労働者にもたらす利益やそうした経営手法が、その地域では目新しかったり知られていなかったりするせいだ。

私たちの職場基準を満たしている、あるいは満たそうとしている工場と取引きを始めるのは重要なことだが、ときには提携相手に手を差しのべる必要もあることを肝に銘じておかなくてはならない。私たちは買い手として、工場に大きな影響力を持っている。とりわけ、その工場が長年にわたる提携先であり、私たちがその品質や製造技術の向上におびただしい時間とエネルギーを注いできたのなら、なおのことだ。

このような影響力や親密な結びつきを、製品の質だけでなく職場環境の改善にも用いるべきではないだろうか。そうすることは生態系全体にとって、すなわち工場で作業する者にとっても、その経営者にとっても、私たちにとっても望ましいことだ。この過程は常に進化しており、私たちは絶え間なく学びつづけている。

いままでの手法、たとえば提携先を念入りに選ぶという手法は、工場の人事労務管理責任者に私たちの人事労務ノウハウを授けるといった新しい発想に移行しつつある。また、この過程では、ビジネスの別の側面で培った経験を活かしている。ほかの人たちから新しい知恵を授かったり、借りたり、盗んだり。

また、私たちは公正労働協会（国際的アパレル企業に対して労働基準の遵守と労働環境の改善を促進する組織）の一員であり、ほかの会員企業から実践事例を学んだり、ほかならぬ当の工場（と従業員）にどんな支援を特に必要としているのか聞いたりもする。そして何よりも重要なこととして、私たちは提携先のあらゆる人々に、私たちの考え方を学んでもらおうとしている――製品の供給プロセス《サプライチェーン》が一体化して作用し合う、相関的な体系を築くために。

ほかの専門分野からアイデアを借りよ

この世は絶えず変化しているので、これまでのやり方が将来も通用すると決めてかかるのは危険だ。私たちは折に触れて、業務プロセスを改善するための手法を評価し直している。資材所要量計画（MRP）から、ジャストインタイム方式、クイックレスポンス、自主管理チームに至るまで、はたしてこれらは質のいい製品を期日までに適切な価格で納めるのに役立つだろうか、と。

どんな組織であれ、製品の現状に満足せず、常に品質を追求していかなくてはならない。そうした姿勢は、一連の工程を成し遂げるためにどう組織化するか、ほかの会社や文化からどのようにアイデアを得たり借りたり盗んだりするのか、現状と本来あるべき姿との違いにどう取り組んでいくか、といったことにまで及ぶ。

足がかりとなるのは、変化に抵抗するのではなく、変化を進んで取り入れる気構えだ。深い考えもなく変化に飛びついたり、新しいアイデアの相対的な利点を秤《はかり》に掛けたりするのではなく、絶えず目を配りさえすればもっと新しい方法が見つかるはずだという姿勢で臨まなくてはならない。

まさかと思う場所からもアイデアを得て、自分たちに適応させることも必要だ。たとえば、マクドナルドは、イメージも価値観もパタゴニアとはおよそ対極の企業だが、一つだけ、尊敬すべき点がある。マクドナルドの店員は誰一人、顧客に対して「申し訳ありません、本日はレタスを切らしております」とは言わない。「期日通りの納入」を毎日欠かさず実現しているのであり、こうした姿勢や納入業者との共生関係はパタゴニアも学ぶべきだと思う。

流通の理念

パタゴニアぐらいの規模のアパレル企業が製品ラインや事業を多様化させないでいると、単一栽培の農場経営と同じ危険を抱えることになる。違うのは、罹《かか》る「病気」の種類だけ。とはいえ、製品を正規取扱店に卸すのに加え、直営店での販売、メールオーダー、インターネット販売も行い、しかもそれらすべてを世界規模で行っている企業は、パタゴニアのほかにはほとんど例がない。

流通の多様化は私たちにとって大きな武器になっている。景気後退期にホールセールが低迷しても、得意顧客《ロイヤルカスタマー》の需要は落ちないので直営店での販売は好調を保てる。過去には、景気が後退するたびに競争相手が痛手を負って、顧客がこちらに流れてきた。というのも、人々が流行に左右されなくなるからだ。型遅れにならず長く着られる高品質の製品であれば、多少値段が張っても顧客は快く買ってくれる。

日本、ヨーロッパ、カナダでビジネスを行っていることも、どこか一地域の経済が下降したときの緩衝材の役割を果たす。九〇年代、日本経済が低迷したとき、ヨーロッパは順調だった。だが、それぞれの流通形態には特有の経験が必要であり、ほかの形態と利害が対立することも多い。

メールオーダーでは、すぐに注文に応じられるよう大量の在庫を用意することや、カタログ販売《メールオーダー》のノウハウに精通すること、メーリングリストをもとに販売実績を細かく分析することが求められる。インターネット販売では、ウェブサイトを定期的に更新することが要求される。そして直営店での販売では、秩序だった製品の陳列《ディスプレイ》、行き届いた管理と販売スタッフの教育が必要になってくる。従来のホールセール事業はというと、これは最も簡単な流通形態だ。ただ製品を配送センターに持ち込ん

一九六四年に韓国からの帰途で訪れたときからずっと、私は日本の社会に大きく心惹かれていた。日本人は西洋を研究し、西洋の文化や発想を取り入れてきたが、私は逆に、日本について同様の研究を行ってきた。日本は時代を先取りした社会であり、現代世界への順応や対応に関して、常に数年先んじている。日本に学ぶことで、過剰人口、減りゆく限られた資源、グローバリズムといった問題を

日本でのビジネス

抱えた社会の将来あるべき姿が見えてくる。

ビジネス書にしても、ビジネススクールにしても、ほぼ例外なく、日本で外国企業がビジネスを行うには、日本企業との提携、あるいは共同事業が必須だと教えている。とりわけ流通ではこの点が強調されており、商社、銀行、問屋をはじめ、さまざまな結び付きがあるため、外国企業が単独で成功を収める可能性はない、と言う。

私はシュイナード・イクイップメント社で、一九七五年という早い時期から日本に製品を売ってきたが、パタゴニアも一九八一年に日本市場への参入を模索しはじめた。まずは従来のやり方で、さまざまな商社や企業と手を組んでみた。しかし、徒労に終わった。野球のバットや釣り用具など、一般的なスポーツ用品を扱う商社は、ピトンやカラビナの販売に力を入れてはくれなかった。

初期のクライミング用パックでは事業提携を試みたが、相手方が廉価モデルのデイパックに私の名前とサインを使ったせいで、関係を解消することになった。そのあと、似たような系統の衣料品を扱い、製造と卸売りの両方を行う企業とも提携したが、相手も似たような製品を扱っていたため、私たちが商売敵にならないよう、もっぱら日本市場への参入を抑えることに心をくだく始末だった。

ついに一九八八年、私たちは書物の教えをいっさい無視して、日本市場に単独で乗り込むことにした。私たちのウェアは高品質ゆえに需要があり、価値観も日本の顧客に合っているという確信があった。だから百パーセント自社出資でビジネスを始めた。そして、日本ではじめてカリフォルニア式のビジネスを行うアメリカ企業となった。収入を気にせず、好きなアウトドアライフを突き詰めて楽しんでいる日本人クライマーやカヤッカーを雇い、日本人女性を管理職に就けて、妊娠したのちも解雇はしなかった。また、「社員をいつでもサーフィンに行かせる」ためのフレックスタイム制を導入した。当時は、日本ＩＢＭ社の人間から、日本市場で独力でやっているアメリカ企業は私たちだけだと言われた。

蓋を開けてみると、日本は世界一参入しやすい国だった——法律は入り組んでおらず、政府はビジネスに好意的で、税関職員は聡明かつ誠実。アメリカ企業が日本市場の参入に苦労する理由は、書物に頼っているから、そして製品の品質が日本の水準に達していないからだ。

あるとき日本のデパートで、一人の若者がシャツを物色する様子をうかがったことがある。特定のスタイルとサイズに絞ったあと、彼はその商品の山を上から下まで調べて、縫製具合を確かめ、最も質のいいシャツを選び出した。その若者にとって、在庫の中で最高のシャツを買ったと確信して店を去ることは、きわめて大きな意味を持つのだ。

パタゴニアの品質基準は世界一要求の厳しい顧客、すなわち日本人に合わせている。アメリカの自動車会社がそのことを認識したなら、日本でもアメリカ車が売れるのではないだろうか——そして、右側にハンドルをつけたなら。

——イヴォン・シュイナード

鎌倉にある日本支社の従業員たち。“サラリーマン”の格好をした者は1人も見当たらない。2004年。**提供：パタゴニア**

で発送すればいい。

この四つの形態をすべて極められる企業は少ないが、極めたあかつきには、四つがみごとに呼応しあって機能する。どれもパタゴニアにとって、顧客との関係を結ぶにあたって欠かすことのできない形態だ。

メールオーダー

私たちは昔からメールオーダー事業を行ってきた。五〇年代後半には、冬の期間、つまりヨセミテやティトン、カナディアンロッキーで車を使った直接販売ができないとき、工房から友人たちにピトンを届ける手段として用いた。間接費が低く、中間業者はおらず、果たせない契約は一つもなかった。注文が入ってからピトンを鍛造することもしばしばで、注文履行率は百パーセントだった。

メールオーダーのカタログは常に「街頭の演説台」の役割を果たし、パタゴニアの理念や製品に関する情報を世界中の家庭や企業に直に届けている。メールオーダー部門は直営店、正規取扱店、国外の販売網と積極的に協力し合って、ロイヤルカスタマーを開拓し、保ちつづけるという全社的な使命を支える。

メールオーダーの原則は、会社そのものと理念の「販売」は製品の販売と同じだけ大切である、ということ。パタゴニアの沿革を顧客に語り、重ね着の仕方《レイヤリングシステム》や、環境問題、ビジネスそのものについて顧客を啓蒙することは、製品を販売することと同様、カタログの大切な使命なのだ。

この原則には、いくつかの実務的な側面もある。何をもって効果的なカタログと判断するのか、どういう構成にするのか、紙面をどう割り当てるのか――だ。確かに販売の道具ではあるが、カタログは何よりもまず、会社のイメージを形成し、価値観や義務を伝える役目を負っている。

一つの販売手段という面から見た場合、メールオーダーは直営店、インターネット販売、ホールセールとの相乗効果によって、顧客との結びつきを強めてくれる。直営店、取扱店の販売スタッフが直に顧客に接するのと同じように、カタログは自宅にいる人々に教育的なメッセージを伝えるのだ。

顧客にカタログを送るということは、掲載製品はすぐに用意できるという意味になる。メールオーダーの顧客は、在庫切れに寛容ではない。カタログを受け取ったばかりのシーズン初めであれば、なおのことである。ほしい製品が手に入らない場合は、どういう事情があろうと、製品をすぐに届けてくれるほかの会社に乗り換える。顧客がいったんほかの会社に心を移したら、その信頼を再び得るのは難しい。

パタゴニアのメールオーダー部門による在庫の買い付け、およびシーズン中の在庫管理は、販売期間を通じて全注文の九十三～九十五パーセントに対応できるように計算されている。この割合はL・L・ビーン社ほかの老舗通販企業が「理想」の値として導き出したものだ。

これより低い割合しか達成できないと、売上げや顧客の喪失が多くなりすぎる。もっと高い割合を目指せば、在庫管理が非効率的になる。その証拠に、九十八パーセントの注文に対応しようと思ったら、在庫を二倍に引き上げなければならない。

メールオーダーの使命は（直営店販売にも言えることだが）、百パーセントの顧客満足度を達成することだ。すなわち、顧客が望むときに望むものを百パーセント与えること。仮にある製品がメールオーダー部門で在庫切れだった場合、カスタマーサービス担当は多様化の強みを活かし、ほかの販売部門にあたって、顧客に製品を届けるよう努める。直営店部門とカスタマーサービス担当は、次の選択肢の一つ、またはすべてを試みる。

1　直営店の中から製品を見つけて、そこから発送する。
2　直営店、ホールセール、あるいはアウトレット品の在庫を探す。
3　正規取扱店の在庫から製品を見つけ、その店に販売してもらう。結果、一つの販売で二つの関係者を満足させることができる。

顧客が電話をかける手間は一度きりであるべきだ。製造の理念において納入業者に製品の期日通りの納入を求めているのだから、パタゴニアもまた期日通りに顧客に製品を届けなくてはならない。「期日通り」とは、「顧客がそれを求めているとき」を意味する。

私たちがカスタマーサービスの模範とするのは、昔ながらの金物店の店主で、商品の種類や用途を知りつくし、目的の作業にぴったりの道具が見つかるまで何時間でも顧客に付き合うことを真のサービスと心得ている人物。その対極に位置するのが、職務をまっとうできない従業員だ。

輸送にかかる環境コスト

社内の環境アセスメントによって、製品のライフサイクルを通じて最もエネルギーを消費する行為は、輸送であることがわかった。たとえば、パタゴニアのあるシャツを一枚作るためには、原材料の調達から紡績、完成品の縫製に至るまで、およそ十一万BTU（英国熱量単位。一ポンドの水を華氏一度上げるのに必要な熱量）が必要になる。その製品十九枚入りの箱をベンチュラからボストンに向けて航空便で送った場合、一枚当たりさらに五万BTUほどかかる。言い換えれば、できあがった製品を動かすだけで、それを作るのに必要な化石燃料エネルギーの半分近くが消費されるわけだ。

この事実から、いくつかの結論が導き出される。

一つ目は、可能な限り地元で製造すること。

二つ目は、消費者の立場になったとき、便利だからという理由で安易に航空便で商品を取り寄せてはならないこと。メイン州からロブスターを一箱、あるいはカリフォルニア州から新鮮なサラダ野菜を一パック取り寄せるなど、もってのほかである。商品に加算される一ドルの送料は比較的小さいかもしれないが、環境コストは途方もなく大きいのだ。

三つ目は、どうやらグローバル経済は持続不可能であるということ。というのも、安い化石燃料を消費することに依存しきった経済だからだ。たとえば、鉄道または船を利用する場合、重さ一トンの製品を約一・六キロメートル輸送するのに四百BTUを費やす。トラック便では一トン当たり三千三百BTU余り、航空便にいたっては二万千六百七十BTUものエネルギーを消費する。

カタログ通販またはインターネットで遠隔地から取り寄せるときは、メイン州から生きたロブスターを取り寄せるような真似はやめ、パンツを航空便で翌日または翌々日に到着させる必要が本当にあるのかを自問しなくてはならない。

――イヴォン・シュイナード

次の手紙に、典型例が示されている。これは一九八九年に日本の責任者が送ってきたもので、スタッフの犯したカスタマーサービスの過ちを償うために、いかに大変な思いをしたかが述べてある。

ある女性のお客様がカタログを請求して六百円（四ドル相当＝当時カタログは販売されていたが、現在は無料で希望者に配布している）を支払われたのですが、パタゴニア日本支社のスタッフが、机もオフィスも雑然としていたせいで、住所と電話番号をなくしてしまいました。二週間後、女性のご主人が烈火のごとくお怒りになって電話をかけてきました。スタッフがどんなに謝罪をしてもまったく聞いていただけません。そして、パタゴニア日本支社の責任者を出すよう強く主張されたのです。

「おまえたちは嘘つきだ、金を取るだけ取ってカタログを送ってこないとは詐欺じゃないか。これがおまえたちのやり方なのか。法的手段を取って、商売をやめさせてやる」

私は直接お伺いしてカタログを渡したいと言いましたが、怒り心頭のお客様はこう付け加えるだけでした。

「たとえおまえが家に来ても絶対に許さない」

その日のうちにお客様の家を訪れた私は、お客様の要求で最終的に土下座をして謝りました。すると、お客様は急に態度を和らげ、「わざわざ届けてくれて感謝するよ」と言ってくれました。こうしたお客様はそう多くはありませんが、特殊なわけでもありません。日本では、何か問題が生じたとき、お客様がこういう反応を示すことはよくあることなのです。

藤倉克己

言うまでもないが、きちんとしたカスタマーサービスなら、求められたときに女性にカタログを送っていただろう。

メールオーダーはパタゴニアの販売形態の中で最も系統だった部門だ。つまり「一般的な型どおり」の部門だが、自分たちに合わないメールオーダー指針は捨てることを「第一の指針」としている。ビジネスを始めたばかりの会社、あるいは成長途上にある会社にとって、メールオーダーはいちばん先が予測しやすい。従来の一般的な指針のいくつかは、ほかのメールオーダー企業と同じく、パタゴニアにおいても採用できる。

だが、できないものもある。ほかの企業が従っているのにパタゴニアは従わない指針を、以下に挙げよう。

1　カタログ紙面の一平方センチ当たりの売上げ分析を行え。
　↓これはまったく意味がないし、イメージを損なう虞《おそ》れすらある。

2　フォーカスグループに方針を問え。
　↓私たち自身に問うほうがよい。

3　高価格帯の製品により広い紙面を割け。
　→私たちは、靴下にもガイド・ジャケットと同じだけ紙面を割くことがある。
4　虚栄心、物欲、罪悪感をかきたてる宣伝文句を書け。
　→私たちの宣伝文句は、事実および理念に則している。

一九七二年に「クリーンクライミング」のエッセイを載せたシュイナード・イクイップメント社のカタログを発行して以来、私たちはカタログの主要な用途は顧客への意思伝達だと考えてきた——クライミング哲学に変化を促すこともあれば、二〇〇四年に行ったように、環境保護のための署名や投票を呼びかけることもある。ただ単にさまざまな物語を伝えるだけのこともある。ともあれ、そうした目的を果たした上で、製品を紹介している。

長年の経験から、私たちは理想的な比率を探り当てた。すなわち、五十五パーセントを製品の紹介に、四十五パーセントを私たちのメッセージ（エッセイや物語やイメージ写真）に充《あ》てるのだ。実際、この割合よりも製品の紹介を増やすたびに、売上げが落ちている。

インターネット

生まれてこのかた機械化反対者《ラッダイト》をもって任じ、コンピュータをまったく使わない私は、ビジネスにとってインターネットがこれほど重要な位置を占めるとは思ってもみなかった。とはいえ、会社のブランド、製品、沿革、サービス、イメージに関する情報を探す場所として顧客が今後ますます重視するのは、このインターネットなのだ。

私たちのインターネット事業は、メールオーダーと同じ価値観、同じ理念に基づいている。違いは、会社や顧客のニーズに速やかに対応できること。たとえば、シーズンの終わりに見切りセール《クローズアウト》の対象製品をサイトに掲載したそのときから、セールを始められる。あるいは、環境危機に対する行動を呼びかけることができる。私たちの顧客は二〇〇三年から〇四年にかけてアメリカ大統領に一万五千通の手紙を送り、スネーク川にサーモンを呼び戻す上で鍵となる四つのダムの撤去を訴えた。

ウェブサイトは大勢の人間に話しかけるための有力な武器だが、同時に、状況に合わせて個人化することもできる。たとえば、ウェブサイトから送るeメールは、場合によっては、顧客の住む地域の寒さに応じて異なるレイヤリングを提案している。

もう一つ、ウェブがメールオーダーと異なる点は、顧客が能動的にマウスをクリックして先へ進まなくてはならないことだ。カタログなら、ただぼんやりとページをめくることができる。

現在、インターネット販売の売上げはメールオーダー販売を凌いでいるが、その成功要因は、ほかの三つの販売部門との相乗効果にある。顧客は取扱店や直営店の棚に並んだ製品を調べるか、カタログで製品の写真を見るかして、小さくて不鮮明なコンピュータ画面の製品が希望どおりの品質であることを確かめるのだ。

直営店

パタゴニアが直営店を展開しはじめたのには、いくつかの歴史的要因がある。六〇年代から七〇年代のアウトドア専門市場は、まだほとんどが道具類《ハードグッズ》で占められていて、時間も資金も大半がそれらの製品の宣伝に費やされていた。

思いきって衣料品に手を出す販売店があったとしても、規模は小さく、私たちの用意した製品ラインから都合のいいものだけを選んで「えり好み販売」をした。流行を追いたがり、製品を積極的に売り込もうとも、リスクを冒そうともしなかった。パタゴニア製品の正規取扱店の中で、ラインアップの二十五パーセント以上を扱ってくれるところは一店もなかった。

マーチャンダイジングはまだ知られざる概念で、ディスプレイはといえば、クロム製のラックにずらりと吊すだけ。一つとして折りたたまれたものはないし、店のあちこちで、私たちのウェアがほかのブランドとごちゃまぜにされていた。アンダーウェアなどは床の段ボール箱に放りこまれたままということもあった。仕入れ担当者は「安全な」赤や青から外れた色のウェアを怖がって買ってくれなかった。

業界に変化が必要だったが、この混乱状態から秩序を打ち立てようという人物は現れそうになかった。一九七三年、私たちはベンチュラに小さな直営店を設けた。といっても、ディスプレイについてもマーチャンダイジングについてもほかの店と同じ素人の段階では、経験に基づく説得力がないため、

建築の理念

製品デザイン理念は、ウェアに限らず、ほかの製品にもなんら変わらず当てはまる。建物についても同じことだ。新しい直営店やオフィスビルを設計する際、美観、機能、そして責任の履行を最大にするために用いる指針は、以下のとおりである。

1 どうしても必要でない限り、新しい建物は建てない。最も責任を果たせる行為は、中古の建物、建材、備品を買うことだ。

2 古い建物、歴史的な意義を持つ建物が取り壊されそうになっていたら、それを救う努力をする。構造に変更を加えるときは、いかなる場合でも、建物の歴史的な品格を損なわないようにする。前の入居者が行った見当違いの「改善」を正し、うわべだけの現代的な外観をはぎ取り、できればその建物が「近隣への贈り物」となるように心がける。

3 古い建物の修復でまかなえないときは、質の高い建物を建てる。その建物の美的な寿命と、物理的な寿命とは同じ長さにならなくてはいけない。

4 鉄製の梁や金具、再加工木材、藁のブロック（ストローベイル）など、再生された、あるいは再生可能な建材を使う。什器も、圧縮したひまわりの種の外皮や農産廃棄物などの廃棄材を使う。

5 建造したものはすべて、修繕可能で維持管理が楽にできなくてはならない。

6 たとえ初期費用が高くついても、できる限り耐用年数の長い建物を建てる。

7 どの店舗にも個性を持たせる。その地域の英雄的人物、スポーツ、歴史、自然景観を反映し、尊重すること。

——イヴォン・シュイナード

私たちの考えをうまく伝えられそうになかった。私たちには顧客と直接的に結びつけるような、マーチャンダイジングのアイデアや新製品を試せる場所が必要だった。

当時、サンフランシスコ郊外のバークレーはアウトドア業界の中核だったので、私たちはベイエリアに店舗用地を探した。ここでうまくいけば、アメリカ中でうまくいくと踏んでのことだった。そしてサンフランシスコのノースビーチにうってつけの建物を見つけた。一九二四年に建てられたガレージで、採光は申し分なく、裏手には庭もある。

地元の友人たちは専用駐車場もないし、買い物客のよく通る道から外れていると言って出店中止を勧めてきた。だが、私たちは考えた。顧客はきっと訪ねてきてくれるはずだし、人通りの多い立地に高い賃貸料を払うよりも、その資金でこの古いガレージを改装し、「目的地になる店《デスティネーション・ストア》」を立派に作ろう、と思った。

ラックや棚は自分たちで設計した。ウェアのほとんどは、吊すのではなく折りたたんでディスプレイし、最も「ポップな」印象を与えられるように独自の色彩体系を編み出した。カタログのイメージ写真を引き伸ばして、壁に掛けた。

このサンフランシスコ店はいまも、私たちの特に好きな店舗だ。再利用した建物だし、二〇年代のカリフォルニア職人が設計した本物の建築構造だからだ。

サンフランシスコで成功を収めたあと、次の直営店の候補地としてシアトルが挙がった。取扱店が販売する製品の種類が少なく、思ったほど売上げの伸びていない市場だ。シアトル、タコマ地域にあ

以前は自動車修理店だったノースビーチにあるサンフランシスコ直営店。**提供：パタゴニア**

る十九店の取扱店すべてを合わせても、パタゴニア製品の売上げは、ベンチュラの直営店一店より少ないという状況だった。

だが「ユーザー」は多く、二百万ドルの売上げを支えられるだけの人口基盤はあった。直営のシアトル店を一九八七年十一月に開いてからの三年間、シアトル地区の取扱店に対する売上げは年平均二十一パーセントの伸びを記録した。

この地域での売上げが低迷していたことを考えれば、直営店が取扱店の客を奪っていないのは一目瞭然であり、むしろ直営店の成功によって、パタゴニアの製品はもっと売れるという確信が取扱店に芽生えたようだ。

その後、私たちは国際ビジネスに進出することにした。六〇年代、私はアルプス登攀にかなりの時間を費やした。特にシャモニ辺《あた》りのフランス・アルプスは頻繁に訪れ、スネルズ・フィールドのぬかるみにキャンプし、ときおり「バー・ナショナル」でビールを飲んだものだ。

改装前のシャモニ店。**提供：パタゴニア**

シャモニはアルプスでも特に国際色豊かな町で、クライマーやスキーヤーもフランス人と同じ数だけドイツ人、イタリア人、スカンジナビア人、イギリス人、アメリカ人がいる。そこで過ごした思い出はどれも好ましく、パタゴニアのウェアを展示して多様なヨーロッパ人顧客と直に結びつきを持つには、申し分ない場所に思えた。

目標は、みんなが集う場を作り、さまざまな国の筋金入りのスキーヤーやクライマーをスタッフとして雇うこと。また、環境活動の中心地にして、氷河からごみをなくしたり、排気ガスを撒きちらすトラックのモンブラン・トンネル通行に反対したりするといった活動を行うこと。

一九八六年、ロジャー・マクディヴィットが休暇でシャモニに出かけるとき、当時パタゴニアの直営部門の責任者を務めていたマリンダが、借りる店舗を物色してきてほしいと依頼した。一週間後、興奮したロジャーが、最適な場所を見つけたと電話をかけてきた。しかも、賃貸契約にサインしたと言うのだ！

改装後のシャモニ店。**提供：パタゴニア**

速達便で送られてきた写真を見て、サンフランシスコ店改装プロジェクトの指揮を務めたマリンダは、へたり込んで泣いた。やがて気を取り直し、コピー機で写真を大きく引き伸ばして、おぞましい五〇年代のユーロモダンの外観をなぞった。

鎧戸《よろい》のオレンジ色の飾り枠を取り払って骨組みを露《あら》わにし、シャモニのもっと古い建物を撮影した写真に残る伝統的な枠型を重ね合わせた。そんなふうにしてようやく、シャモニ中が誇りにできる店舗ができた。ひたむきな性格のマリンダは、入居する建物はどれも周辺の歴史や文化を尊重しなくてはならないし、今後さらに百年間はもたせるつもりで整えるべきだと主張する。

ホールセール

ホールセールの利点はもっぱら、メールオーダーや直営店に比べてはるかに小さな投資で顧客との結びつきが持てることだ。潜在的な顧客が住んでいる場所、旅する場所、装備を買う場所に製品を届け、顧客に販売する労力と費用を正規取扱店が引き受けてくれる。

顧客との結びつきを担うのも取扱店であり、したがって取扱店がパタゴニアの声となる。ならば、本当のパタゴニアの「ストーリー」が取扱店による説明の際に失われないようにするには、どうすればいいのか。

私たちのメッセージを行きわたらせる方法は、正規取扱店とパートナーシップを築くこと。私たちが取扱店に求める関係は、製品開発や製造部門スタッフが納入業者や契約業者に求める関係とほとんど変わらない。唯一の違いは、パタゴニアのホールセール部門のほうが納入業者の立場になることだ。

では、なぜ私たちは、わざわざこうしたパートナーシップを取扱店と結びたいのか。実のところ、新しい取扱店を年に二回「バッファロー狩り」する従来のやり方のほうが、はるかに時間もエネルギーも忍耐も少なくてすむ。毎年百～二百の新しい取扱店と契約を結び、同時に、成績がよくない取扱店を切り捨てていくだけでいい。そうではなく、少数精鋭の取扱店と良好なパートナーシップを築くことの主な利点は、次のとおりだ。

1　新しい取扱店を探す労力、時間、費用を節約できる。

2　信用リスクを制限できる。

3　レベルの低いサービスで私たちに悪影響を及ぼした取扱店との契約を終了するとき、法的な諸問題を最小限に抑えることができる。

4　仕入れ担当者の忠誠心が増して製品に愛着を持つようになり、幅広い製品ラインを扱ってもらえる。小規模な専門店の場合は厚めに在庫を発注してもらえる。

5　製品やイメージの管理がしやすい。

6　市場や製品に関する情報が得やすい。

取扱店側にも、深い関係を築く利点はある。たとえば、次のようなことだ。

1　毎年確実に売れる製品ラインを確保できる。

2　市場の飽和から守られる。

3　安定した価格政策がとれる。

4　製品の買い付け、マーチャンダイジング、ディスプレイに関する専門知識をパタゴニアから得られる。

5　パタゴニアの相乗的なマーケティングおよび流通プログラムの一部になれる。

初めの頃、パタゴニアはビジネスの焦点を合わせるのに苦労しなかった。誰に販売するべきかがわかっていた。それは、アルピニストを顧客にしているシュイナード・イクイップメント社の製品を扱うアメリカ国内の店すべてだ（一九七四年、シュイナード・イクイップメント社は正規取扱店契約について資格要件を二つ定めた。年最低千ドルの売上げを達成することと、最低一人はクライマーを販売スタッフとして雇うこと）。

何を販売するべきかもわかっていた。たとえば、当初の製品ラインは、ラグビー・シャツ、セーラー・シャツ、スタンド・アップ・ショーツ、シャモニー・ガイド・セーター。そして取扱店との共通の戦略はただ一つ、できるだけたくさん販売することだ。

取扱店のほうも、パタゴニアを真のパートナーと見なさなくてはならないが、そのためには信頼や誠意以上の要素が必要になる。経験則から私たちが心がけたのは、「アメリカ国内の各取扱店の売上げに占めるパタゴニア製品の割合が二十〜二十五パーセントになる。または、各取扱店のウェア納入メーカーで一番か二番になるようにする」ことだ。

これによって、事実上のパートナーシップが確立される。いかに「わが道を行く」自我の強い取扱店であっても、商品の二十〜二十五パーセントを納める業者の言葉には耳を傾けるはずだ。

たいていの場合、取扱店の候補にあがった店は、私たちと相互戦略を打ち立てることが「なぜ」「どんな」利益につながるのかを知りたがる。パートナーシップを築くことが、どうして売上げを増やし、新しい顧客を惹きつけ、以前からの顧客については忠誠心を上げることにつながるのか。

ここにはっきり記しておく。取扱店は、共通の目的に寄与する全面的なパートナーでなくてはならない。あいにく、あらかじめパッケージ化された完成引き渡し《ターンキー》方式のパタゴニア・マーチャンダイジング・プログラムなどというものは、存在しない。そうしたプログラムは、こちら側の営業担当がドアを出ていったとたん、活力も推進力も失ってしまう。

最も提携がうまくいく相手は、時間やエネルギーや知恵を注いでパタゴニアのプログラムを自分の店や顧客向けに仕立て上げる取扱店、私たちが継続的に関与するのを快く認め、私たちの専門知識を活かす取扱店だ。

一九八五年、私はアウトドア専門市場の悲観的な状況について、次のような内容の講演を行った。


アメリカの小売業全般に何が起こっているのか、どのように変わっているのかを考えてみましょう。たとえば、食料品。かつては食卓に夕食を並べようと思ったら、パン屋、肉屋あるいは魚屋、食料雑貨店、八百屋に行かなくてはなりませんでした。やがてスーパーマーケットが登場し、一つ屋根の下で、パンでも肉でも、野菜、牛乳、なんでも買えるようになりました。人々が白パンとフィッシュスティック、ハンバーガーに満足していた五〇年代から七〇年代にかけて、スーパーマーケットは中流アメリカ人にとってすばらしい場所でした。

ところが時代は変わり、いまや人々は、国際食料見本市かと見まごうような買い物リストを持ち歩いています。先日の私を例にとると、ワサビ、生のビンナガマグロ、バスマティ米、ハヤトウリ、キムチ、といった具合です。

もうじきマリン郡に完全なオーガニックスーパーができて、そこでは危険な添加物や化学添加物を使った製品は販売しないと聞いています。肉はホルモン剤無投与、パンは保存料無添加で、店内の試験室では常勤の薬剤師が製品をチェックします。全粒粉パンを売るベーカリーや、ニューヨークのゼイバーズやディーン&デルーカのような、ありとあらゆるテイクアウト総菜を取りそろえたデリもできることになっています。このスーパーはマリン郡の顧客のニーズを知っていて、彼らのためのサービスを考えているのです。

カリフォルニア州のような未来をあまり先取りしていない地域に暮らす平均的な折衷主義の顧客でも、いい食品を選んで買うために、魚市場や健康食品店やベーカリーを訪れたり、肉屋で量り売りの肉やホルモン剤無投与の鶏肉を買ったりという、昔の習慣に戻りつつあります。

では、こうした傾向はアウトドア業界の進化とどのような共通点があるのでしょうか? 最初のアウトドア専門店は、ジェリーズやホルバーといった、クライミング用具を専門に扱う用具販売店でした。スキー用具ではバークリーのスキー・ハットが、セーリング向けには当然のように、ワニスやナット、ボルトを販売する船具店があちこちにありました。

やがて六〇年代から七〇年代のバックパッキングブームが訪れました。国内のバックパッキング用品専門店は三百に及び、クライミングやバックパッキングに必要なものはなんでも手に入りました。ブームは一九七二年から七三年に頂点に達し、やがて装備《ハードグッズ》(つまり寝袋やテントやロープといった品々)の売上げが落ちこみはじめました。この頃、シュイナード社やパタゴニアほか数社は、「ソフトな」製品を売るよう――つまり普段着の販売に資金を注ぎ込むよう――正規取扱店を説き伏せました。

そして八〇年代のいま、状況はアメリカの中規模スーパーに近くなっています。典型的なアウトドアショップでは、一つ屋根の下で本格的なアウトドアウェアも、カヤックやクライミング用品も、高品質の寝袋も買えますが、こうした状況は前述の「白パンとフィッシュスティック症候群」に近いものがあります。フェザー角八十度のスラロームカヤックのパドルとか、遠征用や冬期クライミング用のオーバーブーツは手に入りません。注文して取り寄せることはできるものの、六〜八週間もかかってしまいます。

クライミング用具はなんと、寝袋の後ろの壁に打ちつけられていたといったありさまでした。テントはあるが、ヨーレイカ社の製品を模造した、釣具店やハンティング用品店で二百ドルも出せば買えるテントと変わらないものに、五百ドルの値が付いています。そしてパタゴニアのウェアの一部については、在庫のある可能性は十パーセントそこそこなのです。

もうおわかりでしょう? 品揃えにこれを少し、あれを少しと加えていった結果、こうした店は非専門店に変わってしまいました。アウトドアショップの平均的な顧客が、平均的な好みと平均的な心理の持ち主であるなら、問題はないかもしれません。しかし実際は、お金はあっても自由時間はさほどない賢明な人たちが中心です。

アウトドア用品を購入する全顧客に共通の特性が一つあるとすれば、それは、自由な時間をこれといったあてのない買い物に費やしたりしないという点です。車で二十分かけてわざわざ店を訪れるのは、特定の必要な品物を買うためであり、ブルーミングデール百貨店の顧客のように娯楽を求めているわけではありません。

そしてきっと、この人たちは、ほしい品物が店になかったら、ひどく腹を立てるでしょう。たいていの場合、顧客の要求のほうが、アウトドア用品店のサービス提供能力を上回っています。すると顧客はメールオーダーで買うほかありません。あるいは、もっと品揃えが豊富なＲＥＩなどの大型店で買うでしょう。

デパートですら先進的なところであれば、ラグビー・シャツやダウン・ジャケットといった普段着のマーチャンダイジング、販売について、もっとましな仕事ぶりを示しています。小規模な専門店には、衣料品店に鞍替えできるほどのスペースや在庫がないし、優秀なクライミング道具店やバックパッキング用品店になれるほどの専門知識も、もはやありません。

全般的に見て、私たちの業界は発展性がなく、いくつかの大型店または先進的な店だけが好調で、大多数の店は先行きの暗い状況なのです。

このような話をした二十年後、大多数の小型店にとって、いっそう悲観的な状況になっている。六〇年代から七〇年代にこれらの専門店を始めたクライマーやスキーヤー、フライフィッシャーの世代はすでに燃えつきて、引退したか、引退を考えているかのどちらかだ。もはや業界が成長基調にないため、子どもたちは店を継ぎたがらず、有望な買い手もいない。

ＲＥＩ、スポーツマート、（フランスでは）デカスロンといった大型店が市場占有率をさらに伸ばしている。また、ラルフローレン、トミーヒルフィガー、ナイキなどの主要ブランドがこぞってゴアテックスのシェルやダウン・ジャケットを製造する現在では、メーシーズ百貨店でエベレスト登山用の装備一式を揃えることができるし、コストコで黒と黄色のスノーモービル用ワンピーススーツを買うだけで、一九五三年にエベレスト初登頂に成功した当時のエドワード・ヒラリーよりもしっかりした装備ができるのだ。

パタゴニアはデパートや大型スポーツ用品チェーン相手に販売するつもりはない。一九八五年以降、アメリカ国内の正規取扱店の数は四十パーセント減った。アウトドア専門業界にとって健全な状態とは言えないが、それでも、小売りのウォールマート化による競争激化の問題点とその解決法は、世界中のあらゆる小型店に共通しているのだ。

オレゴン州ポートランドにある「750ミリリットル」というワインショップは、個人酒店がいかに大型チェーンに対抗していくかを示す好例と言えよう。小さな店なので、店主はすべてのワインの銘柄を自分で選んでいる。「土の香《かお》りのする」赤ワインが好きだが高級ボルドーを買うお金はない、といった私のような顧客が、ほしいワインの特徴を知識豊かな店員に説明すれば、ぴったりの銘柄の棚へ案内され、求めていた「納屋の香り」を最大に引き出すにはどのくらい寝かせばいいのかを教えてくれる。

私の好きなフライショップであり、パタゴニアの正規取扱店でもあるのが、モンタナ州ウェスト・イエローストーンの「ブルーリボン・トラウトフライズ」だ。この小さな町には、ほかに四軒の総合フライショップが店を構えている。

ブルーリボンはこぢんまりした店で、釣り竿《ロッド》もリールも道具類もそれほど品揃えは多くないが、イエローストーン周辺の川や湖で釣りをするのに必要なものはすべて揃う。どのフライもアメリカ国内最高の毛鉤巻き師《フライタイヤー》三十人によって作られたものだ。シーズン中、二人のフライタイヤーが店内に控えていて、望みどおりのフライを巻いてくれる。私に言わせれば、フライ作り《フライタイイング》の材料を置いていないフライショップなど、フライショップの名に値しない。

この店は厳選した品を置くだけでなく、さまざまな毛や羽を集めて自分で染めてもいる。頼まれれば、顧客が持ち込んだキジの羽を紫色に染めてくれさえする。

また、純売上げの二パーセントをイエローストーン公園周辺の環境保全活動に寄付しており、おかげでアメリカ中からメールオーダーの注文がくる。顧客はロッドに支払った七百ドルのうち、十四ドルがこの活動に使われることで、次回この地を訪れたときによりよいフィッシング環境が作り出されるのを知っているのだ。ブルーリボンの売上げは、この七年間で三倍に増大した。

一流小売店を経営する秘訣は、秘密でもなんでもない。熱心な仕事ぶりとすばらしいカスタマーサービス、この二つに尽きる。

イメージの理念

人は誰でも、自分で気づいていようがいまいが、生涯を通じて、他人に与えるその人個人のイメージを創造し、進化させていく。企業もまた、イメージを創造し、進化させている。そうしたイメージには、事業を営む理由から生じたものもあれば、いままでの行動から生じたもの、ことによると広告担当者が創造力を駆使してまとめたものもあるだろう。時に、他者から見た企業（あるいは個人）のイメージは、自分の描くものとはかなり異なる。

パタゴニアのイメージは、創業者および従業員の価値観、情熱、アウトドア志向から直接生じている。中には実際的で名前を付けることが可能な側面もあるが、一つの公式に当てはめることはできない。それどころか、イメージの多くが「本物であること《オーセンティシティ》」から生まれたものなので、公式に当てはめてしまうと壊れかねない。

皮肉にも、パタゴニアの「本物であること」という信条には、そもそもイメージなど気にかけないことが含まれている。公式がない以上、イメージを維持したければ、それに沿って行動するほかない。私たちのイメージは、私たちが誰で、何を信じているかを直に反映している。

パタゴニアのイメージの核をなすものは何か。自分たちは世間にどう見られているのか。まず挙げられるのは、言うまでもなく、世界一のクライミング道具を作る鍛冶屋が起源であること。そこで働いていた自由思想の自立したクライマーやサーファーたちの信条、考え方、価値観が、パタゴニア文化の基礎をなしている――そしてその文化から、一つのイメージが生じた。実際に使う人々によって作られた、妥協のない本物かつ高品質の製品、というイメージだ。

やがてそのイメージは、世界一のアウトドアウェアを作るクライマー、カヤッカー、フィッシャー、

ウォーター・ガールUSA社アンバサダーのモーリーン・ドラミー。コスタリカ。
撮影：デイヴィッド・プウ

サーファーという新しい世代の文化を含むようになった。中核をなすのは、自然界、そして自分たちが身を捧げるスポーツのどちらにおいても、野生的なものに強く傾倒していること。五〇年代の創業期の価値観や信条はいまも保たれているが、もう一つ芽生えたものがある——環境問題に断固立ち向かう姿勢だ。

さまざまなアウトドア・アクティビティ向けのウェアを作ることは、私たちの大きな強みとなっている。たとえば初期のアルパイン向け製品ラインのように、単一の市場向けに作っているよりも、未来の展望ははるかに広い。だが、それら全部を、一つのブランド名で出すべきでないことも心得ている。

ウォーター・ガールUSA社が販売するウォータースポーツからインスピレーションを得た女性用ウェアは、パタゴニアのロゴマークのもとでは提供しない。パタゴニア・ビキニといった製品は、飛躍が大きすぎて想像も及ばないからだ。L・L・ビーン社がスノーボードを売るようなもので、うまくいくはずがない。

ウォーター・ガールUSA社は親会社であるパタゴニアの価値観をすべて保ちつつ、独自の名前を与えられて、独自のスタイル、アイデンティティ、イメージを築くことを認められている。その経営に携わるのは、自分の着たいものを作る活動的な女性たちだ。

パタゴニアのイメージは生の人間の声であり、この世界を愛し、熱い信条を持ち、未来を変えようと願う人々の喜びを表現している。加工されていないし、人間性をないがしろにはしない。言い換えるなら、人々の感情を損なうこともあれば、逆に鼓舞《こぶ》することもある。

イメージを管理することは重要だ――しかも日々の営み、販売する製品、過去に恥じない行動だけでなく、製品のマーケティングや販売など事業の一般的な営みを通じて行うこと。そうしたイメージ管理は、四つの領域に分かれる。

ストーリーを残らず伝える

多くの企業は、もっぱら広告宣伝を通じて顧客とコミュニケーションをとっている。広告は一瞬で人々の関心をとらえるが、保ちつづけることはできない。人々はひと目見ただけで、あとは読んでいた記事なり観ていた番組なりに戻るか、ほかの企業の広告に惹《ひ》きつけられるか、消音ボタンを押すかする。聞くところによれば、ある広告をテレビ視聴者の記憶にとどめさせるには、同じものを七、八回、頭に叩き込まなくてはならないと言う。

パタゴニアは世界、特に野生の地を、より深くより集中して味わうための製品を作っているのだから、そのイメージも、すばやくさっと頭を通りすぎる（そして感覚を麻痺させる）映像や音で作られた仮想世界ではなく、代わりの選択肢を与えるものであるべきだ。

私たちのストーリーを残らず伝えるためには、顧客のひたむきな関心が必要になる。それが得られる手段は、今日ではウェブサイトかカタログしかない。私たちはどちらも利用しているが、それぞれに独自の技法と科学がある。ウェブサイトの場合、マウスという武器を手にした顧客が、関心の強い領域をより速くより簡単に探索できる。かたやカタログの長所は、自己完結していて持ち運びができる、顧客がコンピュータの前にしばりつけられずにすむ、ページをめくるごとに驚きがもたらされる、といった点だ。

カタログのいちばんの目的は、特定の人生哲学、つまりイメージを支えているものを分かち合い、奨励すること。その哲学の基礎をなす信条は、次のとおりだ。

自然環境への深い感謝と、環境危機の解決に貢献したいという熱意。自然界への熱烈な愛情。権力に対する健全な懐疑心。訓練と熟達を要し、厳しく、人力のみで行うスポーツへの熱意。スノーモービルやジェットスキーなどモーターを使ったスポーツへの嫌悪。風変わりなものを好む傾向と、少なからず自己批判的なユーモア。本物の冒険への敬意（本物の冒険とは、言うなれば、生きて戻れない可能性のある旅、そしてもちろん、戻ってきたときには以前とは違う人間になれる旅）。本物の冒険を好む心。少なければ少ないほどいい（less is more）という考え方（デザインについても、消費に

1980年のカタログでバンティング・ジャケットのモデルを務める友人かつ隣人。皮肉にも、彼女の着ているキャメル色のジャケットが、2005年、日本のオークションサイトにおいて4000ドルで取引きされていた。**撮影：リック・リッジウェイ**

ついても）。

カタログは販売シーズンごとの聖典《バイブル》となる。主張を伝えるためのほかの媒体はすべて――ウェブサイトから、品質表示タグ、直営店のディスプレイ、プレスリリース、ビデオにいたるまで――カタログを基礎とし、その写真掲載や編集の基準に則って作られている。

写真

初期のパタゴニアのカタログを改めて眺めてみると、なんと写真の「古臭い」ことかと、決まりが悪くなる。人間が服を着てみせているし、本物のモデルやプロの写真家を雇う金がなかったため、友人を使ってばかげたポーズをとらせ、スナップ写真を撮っていた。できはすこぶる悪かったが、当時はどのカタログも広告も似たりよったりだった。

ある日、友人のリック・リッジウェイとサーフィンに興じているとき、ある名案が頭に浮かび、その場で話して聞かせた。名案とは、人間が着ていない状態の服を撮影することと、実在の人たちが実際に何かをやっている写真を顧客から集めることだ。

私たちはカタログで「パタゴニアを体現する《パタゴニアック》人を撮る」よう顧客に呼びかけた。顧客や写真家からどっと写真が送られてきて、やむなく写真部門を創設するはめになり、リックの妻、ジェニファーをその責任者兼編集者に据えた。

名の知れた本物のクライマーが少しだけ肌を見せて本物の岩を登る写真のほうが、名前を知られて

シルバーサーモンにキャスティングするローリー・マストレラ。アラスカのクリーク湖。**撮影：レックス・ブリンゲルソン**

いない半裸のニューヨーク在住モデルがクライマーのポーズをとった写真より、はるかに魅力的に感じられる。そのほうが誠実であるし、誠実さはまさに、私たちがマーケティングや写真において心がけているものだ。したがって、自分たちのイメージ写真選びには慎重にあたっている。

私たちは多くの写真を却下している。バンツー族の首長には、パイルジャケットを着せたりしない。それが彼の本当の持ち物なら別だが、違うのなら、見る人をばかにしている。また、肌の青白いバッ

私たちは初期のカタログから常に女性を男性と同等に扱い、クライミング中の女性を取り上げるときも、あとからついていくのではなく、先導（リード）している写真を載せてきた。1983年に撮ったパタゴニア・アンバサダー、リン・ヒルのこの写真が、すべてを物語っている。**撮影：リック・リッジウェイ**

クパッカーがある秋の週末にアパラチアン・トレイルをとぼとぼ歩く写真も載せない。それでは危険の匂いがなさすぎる。あごを得意げに突きだした登山家たちが風の吹きすさぶ山頂に旗を立てる写真も却下する。あまりに征服者じみている。

私たちが実際に載せている写真、これまで載せてきた写真は、次のようなものだ。

岩を登る前にシボレーのさびだらけのボンネットに食事を広げるクライマーたち。「アフリカンク

パタゴニア・アンバサダーのステフ・デービス。女性ではじめてユタ砂漠のピンク・フラミンゴに登攀したときの写真。
撮影：エリック・パールマン

ーン号」という名のボートから降りてくる旅行者たち。ベリーズの古ぼけた釣り小屋。パウダーのような新雪に顔から突っこんで大笑いしながら立ち上がるスキーヤー。テント脇の洗濯場でパイルジャケットをひき裂くガラパゴスの亀。シャモニの氷河に捨てられたごみで作った彫刻。太平洋横断船のデッキで疲れきっている船員。おんぼろトラックの下でボールジョイントにグリースを塗る整備工。原野で鳥に足輪をつける海洋生物学者。レッドウッドの木を警護するジュリア・バタフライ・ヒル。バックボウルのキャンプで氷で作ったテレビを「見て」いるスキーヤーたち。

広告文《コピー》

シュイナード・イクイップメント社の頃から、コピーの基準は高かった。もともと風変わりな会社なので、ストーリーをはっきり伝えることがひときわ重要になる。だから文章を用いて製品を売るのと同時に、私たちの考え方も伝えてきた。私たちのコピーには二種類ある――私たちの価値観を反映する、あるいは問題を広く知らしめるような個人による寄稿文と、製品の内容を説明する文章だ。

シュイナード・イクイップメント社の一九七二年のカタログに掲載した「クリーンクライミング」のエッセイは、「クリーンな」登攀を促すだけでなく、新しいチョックの使用法を初めて文章で紹介する記事となった。このエッセイのおかげで、シュイナード・イクイップメント社のピトン事業は行き詰まり、ほとんど一夜にしてチョック事業が爆発的に成長した。

いかに影響が大きかったか。このカタログが販売ツールの範疇《はんちゅう》を超えて、『アメリカンアルパイン・ジャーナル』誌が登山書としての書評を掲載したことからもうかがえる。一九九一年の冒頭のエッセイ「Reality Check（現実の確認）」では、私たちの作る製品のすべてが環境に悪影響をもたらしていることを改めて告げ、よりよい製品をより少なく買うよう顧客に促した。

パタゴニアのカタログはこれまで、さまざまな「フィールド・レポート」を載せてきた。野生での体験をつづった短いエッセイで、執筆者はポール・セロー、トム・ブローコー、グレーテル・エールリヒ、リック・リッジウェイ、テリー・テンペスト・ウィリアムズら作家や友人たち。また、環境エッセイの執筆をビル・マッキベン、ヴァンダナ・シヴァ、スー・ハルパーン、カール・サフィナ、ジャレド・ダイヤモンドといった人々に依頼し、活字にしてきた。製品のコピーライターたちもすばらしい経歴を誇っている。エレン・メロイは、その著書 *The Anthropology of Turquoise*（ターコイズの人類学）が二〇〇三年度ピューリッツァ賞の最終候補に選ばれた。

伝えたいストーリーの中には、ほかのものより語るのが簡単で、はっきりわかりやすい、あるいはかかわりが直接的なものもある。たとえば、ある地域で子どもたちの飲み水が危険にさらされていると訴えたら、親からはたちまち憤りの反応が得られるだろう。ところが同じ人に、農薬に依存する集約農業地帯の子どもたちを長期的に研究したところ、因果関係はまだ不明だが、がんの群発発生が見られた、と告げても、反応はかなり鈍いはずだ。こうした話は感情に訴える力が小さいため、より大きな労力を注いで、より掘り下げて語らなくてはならない。

製品のコピーは、素材に関する詳しい説明や用途など必要な情報を提供するほか、掲載写真に込めたスポーツや人生へのささやかな願いを文章で補足してもいる。また、正確さに対する私たちの基準は、きわめて高い。反感を買うのも辞さず明確な態度を打ち出しているので、事実を正確に伝えることがなおさら必要になるのだ。

表現方法について言えば、常に顧客の立場になって書いている。実のところ、いまも私たち自身が得意顧客の一人であるため、これはさして難しいことではない。私たちは「最小の公分母」と見なされる人に語りかけているのではない。自分がこんなふうに見なされたいと望む顧客像に、社会問題に積極的に関与し、知的で、信用のおける人に対して語りかけているのだ。

販売促進《プロモーション》

パタゴニアのプロモーション活動にはカタログでもそれ以外の手段でも、三つの指針がある。

1　プロモーションするよりも人々を啓蒙して奮起させることを旨とすること。
2　信用は金で買うのではなく勝ちとること。最も望ましい媒体は、友人どうしの口コミによる推薦、あるいは出版物における好意的な意見である。
3　広告は最後の手段と心得ること。

理想を言えば、すばらしい製品はすべて、なんのプロモーションをしなくても売れるべきだ。そういう製品も、確かにある。私たちは二十年間ポロ・シャツを販売してきたが、これらについては、一度も宣伝したことがない。新色のお披露目は別として、カタログで広いスペースを割いたこともない。私はこのポロ・シャツやバギーズ・ショーツのように、すべての製品が自力で売れることを願っている。

私たちは一定の顧客像を想定している。知的であることに加えて、買い物を娯楽にせず、「人生を金で買う」ようなまねもせず、使い捨ての暮らしではなくシンプルで奥深い生活を望んでいて、積極果敢な広告の標的にされることにうんざりしているか無関心である、そんな顧客像だ。また、私たちもそうだが、顧客は信頼のおける友人からの助言を尊重する。その次に、アウトドアスポーツのインストラクター、クライミングガイド、フィッシングガイド、リバーガイドといったプロフェッショナルや専門家の言葉に敬意を払う。

「プロフェッショナル」は、毎日それ専用のウェアを着て仕事をする。だから私たちは、さまざまな専門市場の鍵となる人々に、特定の割引価格で製品を販売する「プロパーチェス・プログラム」を提供している。その対象となるのは、ジャクソンホールやテルライドといった挑みがいのある地域のスキーパトロール、グランドキャニオンのリバーガイド、パキスタンのトランゴタワーに挑戦するクライマーたち、環境問題に取り組むグループ——イエローストーンにオオカミを再移入させようと努める人々や、グリーンピースの活動家たち——など、実に多岐にわたる。

また、一流のクライマー、サーファー、エンデュランス・スポーツ（トレイルランニング、マウンテンバイクなどの耐久スポーツ）の選手には、道具やときには報酬を渡してウェアを着てもらい、デザインの改良案や意見を集めている。彼らは特定スポーツ向けの製品をいかに販売すればいいかを直営店のスタッフに助言し、販売会議に加わり、ふだんから「パタゴニア・アンバサダー」としての役割を果たしてくれる。これが展示会や顧客向けイベントでパタゴニアに有利に働き、口コミの浸透にひと役買っている。とはいえ彼らには、ロゴのある服を着て撮影した回数に応じて報酬を支払うわけ

ソウル・サーファー、シェイパー、スノーボーダーにして、パタゴニア・アンバサダーのジェリー・ロペス。
撮影：カール・デヴォル

ではない。

有名なアスリートとのスポンサー契約は、将来ケリー・スレーターのように波に乗りたい、クリス・シャルマのように登りたいと夢見る子どもたちにはうってつけのプロモーションツールであるものの、サーフィンやクライミングのような「魂のスポーツ」を損なうものだと、私は考える。

その真意は、『クライミング・マガジン』誌に書いたとおりだ。


「アウトドア業界におけるスポンサー契約は、長期的な見地からすると得るものはない。金のために登る状況は、必ずや個々の価値観を損なうはずだ。アルパインクライマーにメディアの脚光を浴びるルートを探らせたり、何もなければいい意味で風変わりなスポーツクライマーだった人に、メディア受けしやすい行動をとらせたりする」


また、スポンサー契約は、たいていは製品やサービスとなんら関係のない束の間の成功や一個人に企業イメージを結びつけてしまうため、長期的には会社の評判を傷つけかねない。レンタカー会社のハーツ社はいまO・J・シンプソンとの長年の関係をどう考えているのだろう。

これにひきかえ、会社なり製品なりを褒めてくれる外部者との関係が薄ければ薄いほど、真実性が増す。親に電話で自慢する場合は別として、どんな場合でも外部者の言葉のほうが重んじられるものなのだ。

アンバサダーたちの集合写真。2004年。**撮影：ジェフ・ジョンソン**

新聞や雑誌の記事に取り上げられることも、大きな意味を持つ。PR会社の話によれば、メディアによる好意的かつ独立性のある記事は、金を払って出した同じ面積分の広告に比べて、三倍から八倍の価値があると言う。控えめに見積もって一対一の比率で計算したとしても、一九九四年、つまりペットボトルをリサイクルした素材から作ったシンチラ・フリースを売り出した年に、私たちは五百万ドル相当の広告を無償で生み出したことになる。

私たちの広報活動に対する姿勢は、きわめて積極果敢と言える。何か知らせたい事項があれば、それに力を注ぐ。新しい製品のことであれ、環境問題への見解であれ、育児プログラムに関することであれ、記者たちに懸命に働きかけてストーリーを伝えようとする。だが、見かけ倒しの宣伝資料を作ったり、展示会で手の込んだプレスパーティーを開いたりはしない。私たちの考えでは、メディアの注目を集めるいちばんの方法は、なんらかの主張を打ち出すことだ。

広告は、すでに述べたとおり、信頼できる情報源としては最後の最後に位置づけている。その中で最も効果的なのは、新しい直営店の開店を知らせる広告か、特定の川のダムを撤去すべき理由など、具体的な環境問題に注意を喚起させるための広告だ。

確かに、時にはブランド力強化のために広告を出すこともあるが、たいていは発行部数の少ないスポーツ専門誌に限っている。全体的に見て、私たちの広告宣伝費（売上高の一パーセント未満）は、ほかのアパレル企業はもちろん、おおかたのアウトドア企業と比べても、はるかに額が少ない。

広告を出す場合は、感銘をタイムリーかつ速やかに与えるのが鉄則だが、カタログの写真やコピーに用いるのと同じ基準をすべて満たさなくてはならない。パタゴニアの広告に使われる写真は、掲載誌の写真の中でたいてい最も優れていると思う。

財務の理念

「企業が真に責任を負うべき相手は、誰なのか。顧客か。株主か。従業員か。私たちの見解では、そのどれでもない。企業は本質的に、資源を生み出すもとに責任を負う。健全な自然環境がなければ、株主も従業員も顧客も、そして企業すらも存在しないのだから」

——二〇〇四年に展開したシリーズ広告より

私たちは製品主導型の企業だ。つまり製品がまず生まれ、それを作ってサポートするために存在する。この点が、製品よりもサービスに重きをおく流通企業とは違う。

さまざまな企業をよく調べてみると、驚いたことに、具体的な製品なりサービスなりを提供していないところがけっこうある。本当の製品は当の企業であり、いずれは売却されることを前提に育てられている。

株式を公開している企業にとって、製品は株式かもしれない。なにしろ、CEOをはじめとする社内の株主やストックオプション保有者、あるいは（やはり株主の集まりである）取締役会は、企業の長期的な健全性のためではなく、売却益を手にするまでの間、株価を高く保ちつづけるために経営上の決定を下しているのだ。こうした状況は「帳簿操作」に結びつきやすい。多くの場合、四半期ごとに「利益」または成長を示すにはこの手段しかないからで、これでは、そもそもなぜビジネスを行っているのかがわからなくなってしまう。

私たちのミッション・ステートメントは、利益を上げることには少しも触れていない。実のところマリンダも私も、最終的な損益はその年度に成し遂げた善行の数だと見なしているぐらいだ。とはいえ一企業である以上、ビジネスを続けるため、さまざまな目的を果たすために利益を上げる必要がある。だから私たちは、利益とは、顧客がパタゴニアの行いに投じてくれた信任票と考えている。

ミッション・ステートメントの三番目に掲げた「ビジネスを手段として環境危機に警鐘を鳴らし、解決に向けて実行する」ことによって、私たちはリーダーとしての責任を真っ向から負っている。自らが手本となってアメリカ産業界をリードしていきたいなら、利益を上げなくてはならない。いかに大金を寄付しようと、いかに「優良企業１００社」に挙げられて注目を浴びようと、利益を上げなくては、真剣に対応してくれる企業は一つもないだろう。常軌を逸した行動も金持ちであれば問題はないが、金がなければただのつむじ曲がりだ。

パタゴニアでは、利益を上げることそのものを目標にしていない。禅師は「利益はほかのことをすべて正しく行ったときに生じる」と言うだろう。したがって、財務は単なる金銭の管理以上の意味合いを持つ。およそ従来の型に当てはまらないビジネスにおいて、従来の財務管理方法で収支の均衡を図らなければならない。リーダーとしての腕の見せどころだ。

多くの企業では、尾（資金繰り）が犬（企業の意思決定）を振る状態、つまり主客転倒の状態にある。私たちは、環境活動への寄付と、今後百年の間ビジネスを続けたいという願望とのバランスを保つよう努めている。

私たちの理念からすれば、財務はビジネス全体の根幹ではなく、ほかのあらゆる部門を補完する役割を持つ。利益は、私たちの働きぶりや製品の質と直に結びつく。品質をまともに追求しない企業は、経費を削減したり、うわべの需要を生み出して売上げを増やしたり、一般従業員をこき使ったりして利益を極限まで引き上げようとする。

直接販売で利益を増やしたいからといって、カタログや店舗スペースに製品を詰めこめばいいというわけではない。品質のよさを示すほうが、「ごちゃごちゃと見せる」よりも、常に多く売れるものだ。

ロイヤルカスタマーに販売することが最も利益に結びつくことを、私たちは知っている。ロイヤルカスタマーはほとんど販売努力をしなくても新製品を購入してくれるし、友人たちに宣伝してくれる。ロイヤルカスタマーに製品を一つ販売することは、ほかの顧客に一つ販売するのに比べて収益上、六倍から八倍の意味を持つ。

品質はもはや贅沢ではないと、私たちは考えている。顧客に求められ、期待されているものなのだ。たとえば、戦略計画研究所では長年、企業の業績に関するデータを数千社について集め、「PIMS（市場戦略が利益に与える影響の調査）」と題した報告書を毎年出している。それを見れば、ビジネスの成功に最も関係が深いのは、価格ではなく品質であることがはっきりとわかる。実例を示すと、製品やサービスの質に定評がある企業は、価格も品質も低い競争相手に比べて投資利益率が平均で十二倍高いと言う。

環境問題もまた、私たちの財務上の決定に大きな影響を及ぼす。九〇年代半ば、私たちは防寒用アンダーウェアの包装を変えることにした。以前は、製品名を示した分厚いボール紙で製品を巻いて、厚手のジップロックでできたビニール袋に入れていた。こうした包装を取り止めるため、キャプリーン・アンダーウェアのうち保温性が最も高いエクスペディションウェイトの製品についてはすべての包装をなくし、ふつうのウェアと同じように吊して陳列することに決めた。

同じくキャプリーン・アンダーウェアで保温性が三番目に高いライトウェイトの製品については、

丸めて輪ゴムで留めるだけにした。当時、競争相手はどこも包装に凝っていて、かわいらしいブリキ缶に商品を封入する企業もあったぐらいなので、売上げが三十パーセント落ちるのを覚悟したほうがいい、と警告された。

しかし、正しいことだと思ったから、あえて踏みきった——これを実施した最初の年、世界中に運ばれたあげく捨てられて埋立地行きになる資源の量を十二トン減らし、不必要な包装の費用を十五万ドル節約することができた。しかも、防寒用アンダーウェアの売上げは二十五パーセント伸びた。包装に隠されておらず、ふつうのウェアと同じように陳列されているおかげで、顧客が手で触って素材や品質を確かめることができたからだ。

また、陳列方法を同じにする以上、見た目も一般のウェアに近づけざるをえなかったが、その結果、いまやキャプリーン・アンダーウェアのトップの大半は、それ一枚でシャツとして身につけられるようになった。つまり、はからずも、多機能のウェアを作るという目標も達したわけだ。

製造不良にともなう返品は、毎年数百万ドル単位の損失を生む（一九八八年の返品処理費用は一件当たり平均二十六ドルで、その後も数字は上がっていく一方だ）。ならば、顧客に不満を与えたことの損失はどうだろうか。

世界各国で最近行われた顧客調査によれば、問題が生じた際に企業に対処を求める顧客は、アメリカの場合でもわずか十四パーセントにすぎない。ヨーロッパでは八パーセント足らず、日本にいたっては四パーセントという低さだ。ところが、別の調査によると、なんらかの問題を体験した顧客のうち三分の一から二分の一は、二度とその企業から買わないと言う。

私たちは株式を公開しておらず、会社を売却するつもりも、外部の投資家に株式を売るつもりもないし、他人資本を利用して財務強化を図ろうとも思っていない。さらに言えば、アウトドア専門市場を越えてパタゴニアを拡大することも望まない。では、こうした明確な方針に、財務部門はどう対応しているのか。

何をおいても重要なのは、「自然なペース」での成長を保っていることだ。在庫切れ続出で製品を買えないという不満を顧客が訴えるなら、生産量を増やす必要があり、ひいては「自然な成長」につながる。逆に言えば、見せかけの需要を生み出すようなまねはしない。『バニティーフェア』誌や『GQ』誌に広告を出したり、子どもたちがザ・ノース・フェイスやティンバーランドではなくパタゴニアの黒いダウン・ジャケットを購入するのを期待して市内バスに広告を載せたりするのは、言語道断と言える。私たちは製品をほしがるだけでなく、必要とする顧客に購入してもらいたい。

私たちは大企業になることには興味がない。優良企業になりたいのであり、小さな優良企業のほうが、大きな優良企業よりも実現しやすい。したがって、自制心を身につけなくてはならない。一部門の成長は、ほかの部門の成長を妨げる可能性があるからだ。また、この「実験」の限界はどこなのかをはっきり認識し、その範囲内で事業を営むことが重要になる。限界を超えて大きくなると、私たちの望むような形態の企業はたちどころに息絶えてしまう。

成長が遅い、あるいは成長がない場合に利益を生み出すには、毎年効率を高めていくほかない。政府とは違って、拡大経済をあてにして「蓄えを食いつぶす」わけにはいかないからだ。年に十～二十パーセントの成長を遂げているときに利益を上げるのはたやすいが、私たちはわずか数パーセントの成長しかなかった時期にも、製品の質を上げる、営業効率を最大にする、経費を分相応に抑えるなどの方策によって、採算を成り立たせてきた。

限りある資源に依存し、ほとんどが不必要な商品を絶えず消費して捨てることで成り立つ世界経済に、明るい未来はない。私たちはそう考えるので、他人資本の利用を受け入れないだけでなく、無借金経営を目指している。借金が少ないか、手持ち現金の多い企業は、訪れたチャンスをすぐにつかめるし、借入金を増やしたり外部投資家を探したりすることなく新規事業に投資を行える。

めまぐるしく状況が変化する時代においては、せめて年に一度は戦略計画を見直す必要がある。日本企業の多くは、年一度きりの予算策定をよしとしない――半期ごとに見直している。私たちについて言えば、柔軟性のない計画の最たるものは、中央集権的な立案だろう。これはある種の硬直性、官僚主義をもたらし、変わりゆく現実に目を向けない状況を生む。予算は貴重な指針かつ立案の手引きになるが、一歩間違えば、行動を強制する棍棒《こんぼう》になりかねない。

さまざまな方向を見据えることも、怠ってはならない。財務部門には、過去に何が起きたのかを明らかにするのはもちろん、将来の不測の事態を防ぐという役割もある。企業は常に「もしも」の状況を想定しておかなくてはならない。

たとえば、経営幹部全員を乗せた飛行機が墜落したら、配送センターが火事で全焼したら、メインコンピュータが壊れたりウイルスにやられたりしたら。あるいは売上げが二十五パーセント落ち込んだら、日本での売上げが想像も及ばないほど激増したら——。こうした危機への具体的な対処法をあらかじめ作成しておく必要はないが、どの事態が起こりうるかを見極めて、背後からいきなり襲われる確率を減らす必要はある。

透明性を追求する姿勢は、政府とのかかわりにも及んでいる。私たちは国税庁の役人や監査役をごまかすようなまねはしない。しかるべき額を負担し、それ以上は一セントたりとも支払うなというのが、パタゴニアの税務戦略だ。賢明な助言に従って、租税回避のために複雑な策を講じるのもやめた。

会計処理についてもしかり。たとえば、現金や在庫や経費の計上方法を合法的に変えるなど、財務諸表上の利益を大幅に操作するさまざまな方策は承知している。実際、ほかの多くの企業がやっているように、一般にも法的にも認められた会計処理の範囲内で、四半期ごとに利益を出すこともできなくはない。しかし私たちは、最高財務責任者の目から見て、実際の財務状況を一貫して最も正しく反映できる処理方法しかとらないことにしている。

「事業を買いとりたい」という申し出は、ほぼ毎週のように受ける。どの相手も考えることは同じで、過小評価されている企業だから、あっという間に株式公開に持ち込めるだろうと踏んでいる。しかし、株式を公開するようなことがあったら、あるいは共同事業者を加えるだけでも、経営に足かせがかかり、利益の処分方法が制限され、拡大あるいは自殺路線に乗せられてしまう。だから、私たちは閉鎖的な非公開企業にとどまって、本来の目的、すなわち善行に専心しようと心に決めている。

人事の理念

「人生の達人は、仕事と遊びの区別も、労働時間と余暇、心と体、教育と娯楽の区別もつけない。両者の違いがわからないのだ。何をするのであろうとひたすら至高の状態を求め、仕事か遊びかの判断は他人に委《ゆだ》ねている。本人にしてみれば、常に両方を行っているようなものだ」

――フランソワ・オーギュスト・ルネ・シャトーブリアン

パタゴニアの職場の文化は、シュイナード・イクイップメント社に起源を持つ。世界一のクライミング道具を従業員や友人向けにデザインして作っていた、小さな会社だ。オーナーも従業員もクライマーで、自身のことをビジネスマンだと考える者はいなかった。仕事とは、有益かつ楽しいことをしたいという創造意欲を満たしてくれるものであり、自分たちが必要とする美しくて機能的なクライミング道具を作ることを意味した。また、仕事は金を稼ぐ必要性も満たしてくれた。

製品を使う人間と作る人間の間に境界線はなかった。顧客の関心事は、すなわち従業員の関心事だった。クライマーたちはクライミング道具を作ることに格別な関心を抱いていた。パタゴニアの最初の衣料品――ラグビー・シャツとスタンド・アップ・ショーツ――はクライミング用に作られたもので、こうしたウェアやシューズなどのソフトグッズに対する従業員の取り組み姿勢は、金属製のハードグッズに取り組む姿勢となんら変わらなかった。

現在のパタゴニアは、当然ながら、シュイナード・イクイップメント社よりも規模が大きく、はるかに複雑な企業になっている。パタゴニアのウェアを縫製する人々の大半は、今後一度もパタゴニアの製品を着ることなく過ごすだろう。

それでもやはり、雇用の第一原則は、できるだけ多くのパタゴニア従業員を真のパタゴニアの顧客で占めることだ。自分がデザインし、作り、販売するウェアを使っていればこそ、製品との直接の結びつきを保てる。わざわざ「顧客の身になって考える」よう努めなくても、自分自身が顧客だから、製品が期待に添《そ》わないと悔《くや》しいし、期待どおりだと誇らしさを覚える。同じ種類の中で最高の製品を作りたい会社が、さほど製品に思い入れのない人間を雇うというのは、理解しがたい行為だ。

もしパタゴニアが市場主導型の会社、あるいは投資の対象として始まったのなら、現在とはずいぶん違う職場になっていただろう。オーナーや投資家のために富を生み出すことが会社の主目的とされ、ここで働くことは最終目的というより、キャリアの中の一通過点にすぎなくなってしまう。

パタゴニアのほかの価値観もまた、シュイナード・イクイップメント社に起源を持つ。六〇年代から七〇年代初めのクライマーのほとんどは、中流階級で白人だったが、主流の郊外型生活様式からは疎外されていた。

彼らは、登攀に費やす時間と、岩や山との結びつきを重んじ、より広い世界での成功よりも身体を危険にさらす活動のほうを好んだ。多くはあえて最低限の収入しか稼がず、働く時間をできるだけ減

サンプル製品縫製部門の責任者、キム・ストラウドと、放鳥できないレッドテール・ホーク。キムはパタゴニアに猛禽類のリハビリ施設を作り、負傷したり親を亡くした猛禽類を運び込んでは、傷や病気の手当てをし、リハビリを行って、自然に放してきた。放鳥できない鳥は学校に連れていって教育に役立てる。このオーハイ猛禽センターは年間350羽を引き受けている。
撮影：ティム・デービス

らすよう努めた。ビジネスマンとしての生活には心をそそられなかった。というより、本物ではない邪道かつ有毒な生活と見なしていた。

パタゴニアの従業員は、多様な政治的、社会的、宗教的信念を抱いている。これが当然あるべき姿だ。また、必ずしも全員が世界を変えたいと願っているわけではないが、そうした人たちが窮屈な思いをしない会社を目指している。

かつてシュイナード・イクイップメント社に惹かれ、のちにはパタゴニアに惹かれて入社してきた従業員たちは、ここに記したような価値観を共有しているか、そういう人たちと働くことを受け入れられる人間だ。六〇年代に比べて社内の環境はがらりと変わったが、当時のなごりはいまだ感じられる。特に色濃いのは、多くの従業員が環境保護に心を傾けている点だが、不必要な階級制度、自覚のない消費行為、受け身の人生を忌《い》み嫌う点も、当時のなごりだ。

企業文化

「企業で最も重要な人物は、守衛かもしれない」——ダグ・トンプキンス

従業員が仕事を楽しんで、自社製品の最高の顧客は自分たちだと見なすような会社を作りたいなら、慎重に従業員を雇い、彼らを正しく扱い、社外の人々を正しく扱うよう彼らを訓練すべきだ。それを怠った場合、ある日会社に来たら、もはや自分の望む場所ではなくなっていた、ということになりかねない。

パタゴニアは通常、新しい従業員を募集するため『ウォールストリート・ジャーナル』紙に広告を出したり、就職説明会に参加したり、人材スカウト会社を利用したりしない。それよりも、友人、同僚、取引先など、非公式の紹介網を通じて探すことを選ぶ。ただ仕事のできる人間ではなく、その仕事に最適の人物がほしいのだ。

全長5000kmの万里の長城は、モンゴルの侵入を防ぐために築かれたが、彼らは門衛に賄賂を送るなどして侵入を果たした。私自身も、1980年に壁面を登ってここを突破した。難易度わずか5.8（初級者向け）だった。**撮影：リック・リッジウェイ**

とはいえ、特別扱いや特典をほしがる「花形」社員は、求めていない。私たちにとっては共同作業が最高の形態なので、パタゴニアの文化は協調的な者を高く評価する一方で、脚光を浴びたがる者はあまり容認しない。

先に述べたとおり、私たちは従業員として、パタゴニア製品のコアなユーザー、つまり暇さえあれば山や自然の中で過ごしたいと考える人たちを求めている。なんといっても、私たちはアウトドア企業なのであり、白いシャツにネクタイ、サスペンダーをつけた、見るからに不健康な男たちを展示会のブースに配置するなど、とても考えられない。医者が診療所の受付係に煙草を吸わせないのと同じことだ。「インドア」文化が主流の会社になってしまったら、最高のアウトドアウェアを作りつづけることは難しい。

だから、オフィスよりも山のベースキャンプや川沿いのほうがくつろいだ気分になれる「ダートバッグ」たちを探している。採用職種にうってつけの優れた技能を持っていればなおいいが、放浪ロッククライマーを一か八か雇ってみる場合もかなりある。

その一方で、ありきたりのＭＢＡ（経営学修士）については同様のリスクを冒すことはない。筋金入りの会社人間にクライミングやリバーラフティングを覚えさせるほうが、すでにアウトドアへの情熱がある人間に仕事のやり方を覚えさせるよりも、はるかに難しいからだ。

もちろん、専門的能力だけに着目して人を雇うことも、時にはある。一度も野外で眠ったことのない従業員もいれば、森の中で小便をしたことのない従業員もいる。全員に共通する特徴は、私たちの組織開発コンサルタントが指摘するとおり、サーフィンであれオペラであれ、クライミングであれ庭いじりであれ、スキーであれ地域活動であれ、外の世界への情熱を持っていることだ。

私たちが雇ってきた人々を挙げると、アウトドア店の販売員が多数、何人かの環境活動家、独立したデザイナー、ホワイトウォーターロデオ（急流でカヤックやカヌーを縦、横に回転させるスポーツ）の達人、ジャーナリスト、洗車機の操作係、釣り中毒、脚本家、画家、高校教師たちに、地方判事一人と数名の元弁護士、ゴスペル歌手、家具職人、スキーインストラクター、クライミングガイド、バグパイプ奏者、航空パイロット、レンジャー、コンピュータおたく、ベテランの衣料業界関係者が何人かと、数名のＭＢＡ。

これを見てわかるように、私たちは何についても多様性を重んじる。全体から見て、女性従業員の割合はゆうに五十パーセントを超える。

さまざまな背景の人間を雇えば、考え方に柔軟性が生まれ、新しい手法を受け入れやすくなる。逆に、体系化されたビジネス手法を教えるビジネススクール出身者ばかりを雇った場合は、そうはいかない。異質であることを糧とするビジネスには、タイプの異なる人々の集まりが必要なのだ。

雇用する際は、じっくり選ぶ。アメリカ国内では一つのポジションを募集するたびにだいたい九百名程度の応募者があるおかげで、それでも支障は生じない。候補者を絞ったら、該当部署の責任者だけでなく一般社員たちとも面接してもらう。管理職の候補者であっても、一度に四人から六人の人間と面接させたり、数週間にわたって二度三度と面接に呼び出したりすることも珍しくない。

企業文化をしっかり保つために、できる限り内部の人材を起用する。起用してから教育をする。まるで会社の未来がこれにかかっているかのように、じっくりと時間をかける。

こうした慣行には、短期的に見れば、余分な労力が必要になる――適正な人物が見つかるまで職は空いたままだし、暇さえあればカヤックをしている「川ネズミ」に新しく広報の仕事を教えるにはよけいな時間がかかるし、時には話す言葉が違う人物を相手にしなくてはならない。しかし長期的に見れば、その労力は十分報《むく》われる――意外性に満ちた色彩豊かなおもしろい職場で勤務時間を過ごしたいならば。

すばらしい事ずくめのようだが、現実にはほかの大半の企業と同じく、CEOをはじめとする多くの経営幹部を外部に求めざるをえない。どういうわけか、いまだに社内の人間を、専門的かつ複雑になる一方の成長企業ニーズに合うようきちんと教育、指導することができないでいる。もしかしたら、私たち自身が企業経営を学びきっていないからかもしれない。

くどいようだが、仕事は楽しくなければならない。私たちは、満ち足りた豊かな生活を送る従業員を尊重する。また私たちは、融通のきく職場を実現しているが、これは鍛冶屋時代から続けてきたことである。たとえば、波が六フィート（二メートル近く）あって、面がきれいで、暖かいときには、必ず作業を休止したものだ。原則として、ほかの人に悪影響を及ぼさずに仕事を終えられる限り、いつでもフレックスタイム勤務を認めてきた。

真のサーファーは、今度の火曜日の二時にサーフィンに行こうなどと、あらかじめ予定を立てたりはしない。波と潮回りと風がいいときが入り時だし、パウダースキーは、粉雪があるときに楽しむものだ。そして人に負けたくないなら、「誰よりも熱心に取り組む」べし。そういうわけで、「社員をサーフィンに行かせる」ためのフレックスタイム制度が確立した。

従業員はこの制度を活用して、すばらしいうねりをつかまえ、午後からボルダリングに出かけ、勉学に励み、スクールバスで帰ってくる子どもたちを迎えられる時間に帰宅したりする。こうした融通性のおかげで、貴重な従業員を社内にとどめておくことができる。自由とスポーツを愛するあまり、統制された窮屈な職場環境に収まりきれない従業員たちを。

福利厚生

私たちの福利厚生制度は寛大だが、戦略的でもある。一つ一つが、しかるべき理由に基づいているのだ。アメリカ国内でパートタイムの従業員にも総合的な健康保険を導入しているのは、真のスポー

「社員をサーフィンに行かせる」ためのフレックスタイム制度の恩恵を受けているベンチュラの従業員たち。**撮影：チャック・ジャーニー**

ツ愛好者を直営店で働こうという気にさせるためだ。ベンチュラのパタゴニア本社に職場内託児所を設けたのは、従業員に子どもの安全と健康を心配させないほうが、生産性が上がるからだ。

一九八四年、アメリカ国内にわずか百五十しか職場内託児所がなかった頃に、私たちのグレート・パシフィック・チャイルド・ディベロップメント・センターは開設された。生後八週目から預かる乳児室にはじまって、よちよち歩きの幼児向け、幼稚園児向けと、段階的に部屋を設けている。

就学児のためのキッズクラブでは、学校が終わる時間にスタッフが子どもたちを迎えに行ってセンターに連れてくる。おかげで親たちは、自分で車を運転していく手間が省け、学童保育のことで気をもむ必要もなくなった。

センターのどの部屋においても、子どもに対するスタッフの割合は州に定められた数字を上回り、保育士の熟練度も高い。マリンダの主張によって（当時の経営幹部のほとんどが反対したにもかかわらず）一九八四年に開設されて以降、当センターはベンチュラで働く親やその子どもたちの生活に大きな変化をもたらした。

また、社内の親密度も上がった。通常の業務にともなう音に混じって子どもたちの笑い声やおしゃべりが、外の遊び場から、個別に親の仕事場を訪れた子どもから、ハロウィンに建物内を練り歩くクラスの集団から響いてくる。

会議中に子どもの世話をする母親の姿はベンチュラでは珍しくなく、この光景は、大勢の人たちが迫られる「仕事か子どもか」という選択が実は必要のないものだと気づかせてくれる。私たちの託児所運営はアメリカ中の注目を浴びつづけ、運営に携わる保育士たちは、よくほかの会社から、安全で教育的な職場内託児所を設ける際の助言を求められている。

では、当の子どもたちはどう考えているのか。ある日、私は託児所を訪れて、四歳から五歳児クラスの子たちに訊《き》いてみた。「やあ、きみたち！　学校は好きかな？」

一人の男の子がすぐさま誤りを正した。「ここは学校じゃないよ、仕事場だよ。ママはあっちで働いていていて、ぼくはここで働いてるんだ」

世間一般の子どもたちとは、大きな違いだ。たいていの子どもは父親か母親が毎日八時間ほど姿を消すだけなので、仕事がどういうものかを知らずに育つ。小さい子どもが口々に、将来の夢はオークリーやナイキといった大企業の「宣伝に出る」ことだと言うのも、無理はない。仕事とはそういうものだと思っているのだろう。

2004年の国際平和デー。グレート・パシフィック・チャイルド・ディベロップメント・センターは、ジェーン・グドール博士のルーツ・アンド・シューツ・プログラムに参画している。
撮影：ティム・デービス

パタゴニアでは、託児所も最高の製品、すなわち優秀な子どもたちを生み出している。赤ん坊はたくさんの保育士に代わる代わる抱かれたり世話されたりする。さまざまな刺激や学習体験を与えられながら、村全体で育て上げているようなものだ。おかげで知らない人に「こんにちは」と声をかけられても、母親のもとに駆けよってスカートの陰に隠れたりしない。

託児所の子どもたちには、自分で登り、落ち、体を擦りむくことを促している。おかげで幼稚園に入ってから、先生たちにクラスでいちばん礼儀正しい手のかからない子だと言われることが多い。以前は、ずっと裸足で過ごさせていた——ところが、じきに先生たちから、子どもたちが靴を履いて登校するのを嫌がるという苦情が出てしまった！

ベンチュラで働く従業員はおよそ三百名で、託児所の子どもたちは百名。同等の託児所よりも保育料は低めに設定してある。会社が六十万ドルの補助金を拠出しているからだ。こうした一見財務上の負担に思えるものは、実のところ、利益を生む中枢にほかならない。なにしろ従業員の七十一パーセントが女性で、しかも上位の管理職に就いている女性も多い。

さまざまな調査によれば、企業が従業員一人を入れ替える際の平均コストは、募集にかかる費用から、教育費、生産性の喪失まですべてひっくるめて、五万ドルに達すると言う。託児所は、仕事のできる母親を引きとめる役目も果たしている。

私たちの学んだ教訓を、一つ述べよう。託児所を設けるなら、最低でも六十日間の出産・育児有給休暇を認めなくてはならない（私たちも、そうしている）。さもなければ、親としての役割をよくわかっていない若い親の多くが、できるだけ早く子どもを託児所に預けて、新車か何かを買うために職場へ戻って働こうとするだろう。生後すぐの数カ月は、託児所の職員ではなく親との絆《きずな》を深めることがきわめて重要な期間なのだ。

従業員の健康維持と相互交流という観点から、本社には健康的でオーガニックの、野菜中心の食事を出すカフェテリアを設けた。また、トイレにはたいていシャワーを併設して、昼食休憩時にランニング、バレーボール、サーフィンなどを楽しむ従業員の便宜を図っている。当然ながら、社員販売の割引率はかなり高い。

こうした福利厚生は、増加傾向にある医療保障を除いて、どれもさしたる負担にはならない。託児制度は税控除を合わせて考えれば採算が取れるし、会社が社員用カフェテリアに出す補助金はごくわずかですむ。にもかかわらずパタゴニアは、従業員、あるいは働く母親にとって働きやすい会社100社にいつも挙げられる。働きにくい会社を経営する人が多いのは、いったいどういうわけだろう。

経営の理念

組織開発が専門の心理学者に、パタゴニアは独立心のきわめて旺盛な従業員が平均よりはるかに多いと指摘されたことがある。もっとはっきり言うならば、独立心が強すぎて一般企業では雇うのが難しいだろう、と。

命令で動かせる人たち、上官の「突撃!」のかけ声に疑問も持たず塹壕《ざんごう》から飛び出す歩兵のような人たちは、私たちは雇っていない。指示に従うだけの働き蜂はいらない。ほしいのは、おかしいと思った判断について問い質《ただ》すことのできる従業員だ。

しかし、ひとたびある判断を受け入れて、正しいと認めたなら、鬼のように働いて最高の品質のものを——それがシャツであれ、カタログであれ、店舗ディスプレイであれ、コンピュータプログラムであれ――生み出す従業員だ。こうした独立独行志向の強い人々を共通の目的のもとに集めて働かせるのが、パタゴニア経営陣の腕の見せどころとなる。

従業員を命令で動かすのは無理なので、依頼されたことが正しいのを納得させるか、自分で確かめてもらうかしかない。独立心の旺盛な人はときに、「わかる」か「自分のものにする」まで、仕事に取りかかるのを断固拒否する。それどころか、受動攻撃性を示して、仕事をしているように見えながら、実はまったくやっていなかったということもある。軋轢《あつれき》は少ないが、損害の大きい形の拒否だ。

私たちのように複雑な会社では、問題の解決を一人の人間がもたらすことはなく、それぞれが一部を担っている。民主制が最良な形で実現するのは、総意で決定が下されたとき――決定が正しいと誰もが認めたときだ。妥協によって意思を決定すると、問題が未解決のまま残されることが多く、どちらの側の当事者もごまかされたか軽んじられたように感じてしまう。

もっとひどい場合は、旧約聖書に記されているソロモン王の例のように、赤ん坊を取り合う二人の遊女の争いを収めるために当の赤ん坊を半分に裂《さ》くよう命じるはめになる。総意を形成する鍵は、十分な意思の疎通だ。

アメリカ先住民の首長《チーフ》は、いちばんの金持ちだから、あるいは強力な支持集団があるからその地位に選ばれたのではない。選ばれたのは弁論術に長けていたからで、これは総意を取りつけるために必要な技能だったのだ。

今日の情報化時代では、管理職はデスクから管理する誘惑に駆られやすい。あちこち動き回って

私たちの施設がある一区画の航空写真。カリフォルニア州ベンチュラ。**提供：パタゴニア**

人々に話しかけるのではなく、コンピュータ画面を見据えたまま指示を出そうとする。管理職として最も望ましいのは、いつも自分のデスクにいないのに、部下がすぐに見つけて報告を行える人物だ。

パタゴニアのオフィス空間は、そういった考えを形にしている。誰一人個室を持たないし、扉やパーティションのない広い空間で全員が肩を並べて働く。「静かな思索場所」を失ったことは、意思の疎通が向上し平等主義の空気が生じたことで補って余りある。集団または群れで暮らす動物や人間は、常に互いから学ぶものだ。アメリカ本社の社員用カフェテリアは、健康的なオーガニックの食事を提供する場であるだけでなく、誰でも使いやすい打ち解けた会合場所として一日中開放されている。

経営幹部の雇用において大切なのは、指導者《リーダー》と管理者《マネージャー》の違いを見極めることだ。たとえば、銀行の支店長には、マネージャーとしてリスクの回避能力が求められる（上層部の承諾なしに貸付を行ったりはしない）。マネージャーは

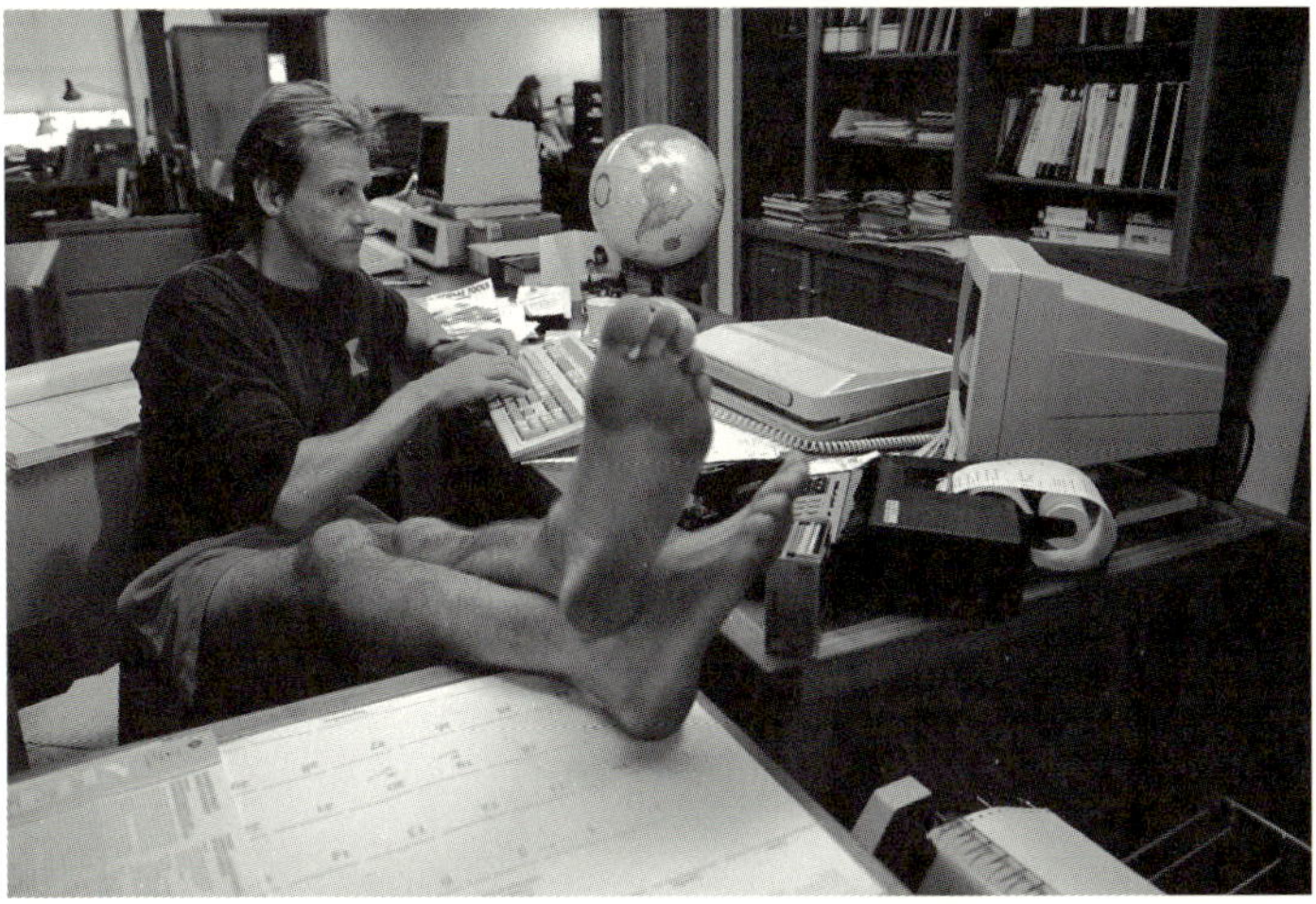

背広とネクタイを身につけさせたほうが、仕事の能率があがると、誰が言ったのだ？　カヤッカーかつサーファーにして、いまはハリウッドのスタントマン兼道具係のボブ・マクドゥーガルがデスクで仕事をしているところ。1995年。**撮影：リック・リッジウェイ**

短期的な視野に立ち、与えられた戦略計画をひたすら実行し、現状の維持に努める。かたやリーダーはリスクを負い、長期的な視点に立ち、戦略計画を練り、変化を促す。

最高のリーダーは、範を持って示す。マリンダも私もほかのみんなと同じように個室を持たず、いつでも相談に応じられるよう心がけている。また、自分たちにも経営幹部にも、特別な駐車場スペースは設けていない。最も社屋に近い場所は、持ち主のいかんを問わず、ハイブリッド車など低燃費の車専用だ。

マリンダも私もカフェテリアでの昼食代をきちんと払う。そうでなければ、少しぐらい会社から盗んでもかまわないというメッセージを従業員に送ることになる。

私たちのような家族的な会社は、絶対的な規則よりも信頼に基づいて営まれている。フレックスタイム制や「社員をいつでもサーフィンに行かせる」方針の恩恵を受けているのは一部の人間だけかもしれないが、信頼のない会社で働きたいと思う人間は、優秀な従業員には一人もいない。

私のいわゆる不在による経営（Management By Absence）にしても、オフィスの外へ出たいという欲求の表れであると同時に、従業員への信頼の表れでもあることを、みんなは知っている。

「自然な成長」を心がけることは、会社を管理しやすい大きさに保つ役割も果たしている。意思の疎通を図って官僚主義を排除したいなら、一つの場所で働く人数を百人以下に抑えるのが理想的だと私は思う。

その証拠に、民主制が最もよく機能するのは、小さな社会、みんなが個人としての責任感を有している社会である。シェルパ族やイヌイット族の小さな集落では、ごみ収集人や消防士の職を設ける必要はない。一人一人が集落全体の問題に対処するからだ。警察も必要ない。悪人は周囲の圧力から逃れるのが難しいからだ。

聞くところによれば、都市の最も効率的な大きさは、人口二十五万～三十五万人だと言う。都市のあらゆる文化や生活利便施設を備えていてなお統治しうる規模。例を挙げるなら、サンタバーバラ、オークランド、フィレンツェといった都市だ。

成長にともなう経営の諸問題と、独立心旺盛な人間を信頼して責務を与えるという理念を保つこととのバランスを探るのが、パタゴニアの成功の鍵となる。そしてどんな企業にも、それぞれ理想的な規模がある。

マリンダも私もパタゴニアの指揮、運営に細かく関与してきたが、ＣＥＯは欠かさず置いてきた。三十年間に六人のＣＥＯが存在したという事実は、私たちが適切な人材を探すことに失敗した証拠だろう（あるいは、パタゴニアの頑固頭のオーナー二人が、権限を手放すのに失敗したのか）。振り返ってみれば、小売業、財務、生物学、海軍特殊部隊、教育学と専門畑はさまざまだが、どのCEOも会社に有益で多彩な手腕を持っていた。

しかし、一人ですべてを行える人物を探すとなると、これがかなり難しい。たとえば、事業規模を縮小するために雇った「すばやい判断と行動力が売りの会社再建の達人」は、会社が安定したあとの経営に必要なCEOではないかもしれない。

また、新しい直営店の展開を指揮する人物はふつう、すでに営業を始めている店の責任者とは違う手腕の持ち主だ。前者は臨機応変かつ創造的であるべきだし、後者には育成力がより求められる。

特に成功したアメリカのCEO（「著名なCEO」ではなく、派手な誇示も数年ごとの転職もしないできっちり職務を成し遂げたCEO）を対象に行ったある調査によると、共通の要素が一つ見つかったという——自分の手を動かすことが好きだという点だ。

年配の人たちは（まだ車の組み立てが高校の授業で行えた時代に）自ら組み立てた車を持っているし、車庫を作業場にして家具を手作りしている人々もいる。水道の蛇口に座金が必要だとか、扉がしっかり閉まらないとかいった場合には、彼らは自分で対処する。

何か問題が持ち上がったときに、「修理屋」を探さなくても自分の技量で解決できるという自信があるのだ。CEOの在任期間の長さは、当人の問題解決能力および、職務への順応能力、成長能力に正比例する。

ロスト・アロー社およびパタゴニアのCEO、マイケル・クルーク（当時）と私。サーフボードのグラッシング工房の横にある“役員室”で会議中。2002年。**提供：パタゴニア**

問題が生じたとき、有能なCEOはすぐにコンサルタントを雇うようなまねはしない。自分のビジネスについては誰よりも当の自分がよく知っているはずだし、たいていのコンサルタントは破綻した企業の出身ということも発見した。それに、自ら問題に取り組んで解決してこそ、別の問題が起こるのを防ぐことができる。問題解決の鍵となるのは、途中で立ち止まらず真の原因にたどり着くまで何度も問い質す姿勢。すなわち一種のソクラテス問答法を行い、トヨタ自動車の経営陣が言う「五回のなぜ」を問うことだ。

最近経験した典型的な例を紹介しよう。二〇〇三年の十一月から十二月にかけて、日本では全販売部門で売上げが三十パーセントも激減した。私たちは「なぜ」と自問した。調べてみると、ダウン・ジャケットと化学繊維の中綿入りジャケットが二十パーセント売れ残っていた。前年の冬に大流行したのを受けて二〇〇三年も同じ反応があると予測したものの、当てが外れたらしい。

そこで日本のファッショントレンドをきちんと把握しておかなかった自分たちを責めはじめたが、問うべき事項はまだあった。ほかの冬向け製品の売れ行きも落ちているのか。イエス。ここで質問をやめて、移り気な日本市場でパタゴニアは流行遅れになったのだと結論づけることもできた。その場合は、黒のダウン・ジャケットを在庫処分していたことだろう。

しかし、私たちはさらに問いつづけた。ほかのメーカーや取扱店の業績はどうか。同じく落ちている。なぜか。十一月と十二月の気温が季節外れなぐらい暖かかったせいだ。だから冬服はまったく売れなかった。

それを知って、私たちは当初路線に踏みとどまり、在庫の処分は見合わせた。すると一月にようやく寒波が訪れ、スキー場に雪が降り、おかげで売上げが急増した。寒冷気候向けのウェアは、セールにかける必要もなく、たちまち売り切れた。あのとき、二、三の質問でやめていたら、真の原因——寒くなかったからという理由——にたどり着くことはできなかっただろう。

ビジネスを今後、百年間存続させたいなら、オーナーも経営者も変化を歓迎したほうがいい。活力のある企業の経営者にとって何より大切な責務は、変化を促すことだ。

ジョナサン・ワイナーは、その著書*The Beak of the Finch*（邦題『フィンチの嘴』早川書房）で、琥珀の中で姿形を保たれていた虫について述べている。この標本は数百万年前のものだが、外観は現存する同種の個体とまったく同じだという——ただ一つ、大きな違いを除いて。

現存する個体は、農薬に覆われた植物に触れたあと、脚を切断して新しく生やす能力を身につけて

アンバサダーのスティーブ・ハウス。ネパールのヌプシを“少ない荷物で俊敏に（ライト・アンド・ファスト）”登っている。
撮影：マルコ・プレゼリ

いる。驚いたことに、こうした進化は、ちょうど農薬の使用が始まった第二次世界大戦頃に起きたらしい。この事例からわかるとおり、進化（変化）は重圧なしには起こらないし、起こるときはたちどころに起きる。

アメリカ人の四十八パーセントは進化の過程を否定し、地球とその生物はわずか一万年前に神によって創造されたと信じる福音主義の保守派だが、彼らは変化を、さらに高い次元へ成長、発展する機会とはとらえず、脅威だと考える。

山登りの過程もまた、ビジネス、人生の双方になぞらえることができる。どんな方法で山に登るかが頂上に達すること自体よりも重要であるのを、多くの人はわかっていない。ただ頂上に達するだけなら、酸素なしで単独でエベレストに登ってもいいし、ガイドやシェルパに料金を払って荷物を運ばせ、クレバスに梯子《はしご》を渡し、二千メートル近く延々と固定ロープを張り、シェルパの一人に引き上げてもらい、別の一人に押してもらいながら登ってもいい。後者の場合、本人は酸素ボトルの目盛りを「三千メートル」に合わせて、出発するだけだ。

この方法でエベレストに登ろうとする典型的な精力的で金持ちの形成外科医やCEOたちは、目標──すなわち、頂上──をひたすら目指すあまり、過程は妥協しようとする。危険な高い山に登る目的は、なんらかの精神的、個人的成長を遂げることであるはずだが、全過程を妥協しては、成長は見込めない。

危険なスポーツが個人の成長につながる重圧を生み出すのと同じで、企業もまた、成長のための重圧を常に自分にかけつづけるべきだ。これまで、私たちの会社がすばらしい成果を上げたのは、きまって危機にあるときだった。

一九九四年、全社をあげて二年後までに従来のコットンからオーガニックコットンへ完全切り替えする体制に突入したときほど、従業員たちを誇らしく感じたことはない。この大きな危機は、のちに理念を書き記すきっかけとなった。賢明なリーダーやCEOは、危機がない場合、あえて生み出そうとする。それも「オオカミが来た」的な脅しをかけるのではなく、変化を突きつけることによって。ボブ・ディランの詩にあるように「成長に励んでいるか、さもなければ死にかけているか」なのだ。

強固な文化と価値観を持つ会社に新しく入社した従業員は、社内に波風を立てたり、現状を疑問視したりしてはならないと思うかもしれない。確かに価値観は変えてはならないが、どんな組織、企業、政府、宗教も、順応性と弾力性を備え、常に新しい考えや運営方法を取り入れていく必要がある。

環境の理念

「限りある世界で指数的な急成長が永久に続くと信じる者は、頭のおかしい人間か、政治家かどちらかである」――ミクロス・S・ドラ（『サーファーズ・ジャーナル』より）

自然界の行く末について、私はすっかり悲観的になっている。これまでの生涯を通じて、地球上に健康な生命を保つのに欠かせないあらゆるプロセスが、悪化の一途をたどる状況ばかり目にしてきた。個人的な知り合いで環境問題に深い関心のある人々も、科学者も、ほとんどが悲観的な考えを持ち、いま自分たちが瀕しているのは、生物の種が、おそらくはかなりの人種もそこに含まれるのだろうが、おそろしい勢いで次々に絶滅する状況だと言う。

エドワード・O・ウィルソンは、その著書*The Future of Life*（邦題『生命の未来』角川書店）で、私たちの生きる時代を「自然の最後の抵抗」と表現している。彼の言う「生きている地球指数」、すなわち世界の森林、淡水、海洋生態系の状態を図る指数は、人類が危機にあること、自分たちの招いた環境の隘路《ボトルネック》に立っていることを如実に示す。

二一世紀は「環境の世紀」であらねばならないと、ウィルソンは主張する。政府、民間部門、科学界がただちに手を取り合って環境悪化の問題に対処しないなら、地球は再生産能力を失ってしまう。言い換えれば、いまある生命は終わりを迎えるのだ。

私が悲観的なのは、さし迫った破滅に立ち向かう十分な意思が社会にないからだ。とはいえ、悲観的になって「もうおしまいだ、何もかもどうでもいい、投票なんて無駄だ、どうせ変わりはしないのだから」と言う人間も、楽観して「大丈夫、何もかもうまくいくから」と言う人間も、なんら変わりない。どちらの場合も、結果は同じ――何一つ解決されはしない。

また、私は、本質的には悪のほうが善よりも大きな影響力を持つと考える。私の言う悪とは、道徳的に邪悪で破壊的な存在を意味する。なにしろ、実に多くの公共機関、政府、宗教、企業、さらには

日常の煩わしさからビーチに逃れてきた人々。**撮影：ジェフ・ディヴァイン**

スポーツまでもが、もっといい行いができそうなのに悪のほうへ傾くさまを、繰り返し何度も見てきたのだ。だが、先のように考えているおかげで、私は常に気を抜かないで、後ろから斬りつけられるのを防ぎ、犠牲者になるのを防ぐことができる。

こうした暗い考えを抱いてはいても、憂うつになっているわけではない。それどころか、私はとても楽観的な人間だ。この点については仏教の教えに立って、何ごとにもすべて始まりと終わりがあるという事実を受け入れている。おそらく、人類という種は役割を終えつつあり、そろそろ姿を消して、できればもっと知的で責任能力のあるほかの生命体に座を譲る時期なのだろう。

憂うつにならないためには、とにかく行動を起こすことだと私は気づいた。行動こそは、パタゴニアの環境理念の基礎をなすものだ。私たちがビジネスを続ける最大の理由は、環境危機を省みない政府や企業のあり方を変えることなのだから、行動は何をおいても重要になる。

警告

一九九二年、「憂慮する科学者同盟」と称する集団が、世界の現状に関する見解を発表した。これに署名した世界中の科学者千七百名余りには、百四名のノーベル賞受賞者も含まれる。以下は、その警告からの抜粋である。

「人類は、自然界との正面衝突への道を突き進んでいる。人類の諸活動は環境および貴重な資源に、多くは取り返しのつかない、手ひどい損傷を与えている。このままなんの対策も取らなければ、現在の行為の多くが、人間社会および動植物の世界にとって望ましい未来を深刻な危機に陥れ、生命をいまある状態で維持できなくなるほど生物界を変えてしまうだろう。このままでは必ず起きるだろう衝突を避けたければ、早急に抜本的な変革を行う必要がある。

それゆえ、ここに署名した世界の科学界の指導的メンバーは、全人類に対し、この先に待ちうける状況について警告する。人類の大きな不幸を回避し、母なるこの惑星を回復不可能なほど損なわないようにするためには、地球、およびそこに住む生命に対する姿勢を大きく変えなくてはならない。

人類はいま、種としての生存、生存のための条件、および人類の本質にかかわる地球規模の危機にはじめて直面している。知性と洞察力をもって速やかに対処する機知と意志があれば、科学者たちの挙げる問題のうち解決不可能なものは、基本的には一つもない」

この警告に対するごく一般的な反応は、その信憑性を否定することだ。もっと巧妙な形の否定は、専門分野以外の問題に悩む時間はないし、知識もない、と言い訳すること。そして何よりも強固な否定は、誰か他の人が解決してくれる、あるいはぎりぎりの瞬間に科学技術が人類を救ってくれる、という希望的観測だ。

持続可能性

以前から思っていたのだが、政府に正しい行いをさせたければ、いまの社会を今後百年間存続させるという前提でさまざまな計画を立案することだ。イロコイ族ではそれよりも遠い、七世代先の未来を考えて計画を立てている。私たちの政府もこの例にならえば、原生林を皆伐することも、二十年で土砂に埋もれてしまうダムを建設することもないだろう。ただ消費者を増やしたいがために、もっと子どもを産むことを国民に奨励することもないはずだ。

地球に対する受託責任《スチュワードシップ》、あるいは持続可能性《サステナビリティ》について考えるとき、兵役時代に韓国で目にした、三千年以上にわたって使われてきた水田に農夫が人糞肥料を施す様子を思い出す。

どの世代の農夫も、自分が引き継いだときよりもいい状態に土地を保つという責任を果たしてきた。これと対照的なのがアメリカ中西部の現代アグリビジネスで、一ブッシェル（二十五・四キログラム）のトウモロコシを育てるために一ブッシェルの表土を荒廃させ、溜まるよりも二十五パーセント速いスピードで地下水を汲み上げている。

責任感のある政府なら、土地をしっかり管理して持続可能な農業を行うよう、農夫たちに促すだろう。しかし、なぜ農夫や漁師や森林労働者だけが、地球を人類および野生生物の住処として保つ責務を引き受けなくてはならないのか。

真に持続可能な経済活動は、規模がごく小さいものを除くと、わずかな例しか思いつかない。選択的な林業および漁業と、小規模農業だ。これら産業の最終製品は本質的に太陽の光の産物であり、太陽光は自由に使えるから、余分な原材料やエネルギーを使わないで作り出せる（つまり、無駄な消費がない）。とはいえ、主たる栄養源 ―― 土壌と水 ―― がほかの活動によって枯渇《こかつ》しないという前提に依存してもいる。

「持続可能性」という言葉は、「グルメ」や「冒険」と同じで、あまりに乱用、誤用されすぎて意味を失ってしまった。「持続可能な開発」はとうてい持続可能とは言い難いし、「グルメ」ハンバーガーを名乗るのに取り立てて美味である必要はない。どのウェブスター辞書を見ても「冒険」の定義には、危険の要素が含まれているが、「冒険旅行」はたいていの場合、まったく危険をともなわない。

持続可能な生活様式《ライフスタイル》の見本となるのは、一八世紀にヨーロッパ人に植民地化される以前、アメリカ太平洋岸北西部に住んでいた人々のサーモン文化だ。サーモンは毎年川にやって来て、人々は必要な数だけ獲っていた。残りは、より多くのサーモンが将来産まれるよう、自由に産卵させていた。森林

世界の水消費量は二十年ごとに倍増し、人口増加の二倍以上の速さで増えている。仮にこの傾向が続くとしたら、二〇〇五年には、淡水の需要は現在の利用可能量を五十六パーセント上回るものと考えられる。

――モード・バーロウ（カナダ人評議会共同議長）

の利用についても持続可能性を守り、しっかり選択して適切な規模で行っていた。

これとは対照的なのが現代のサーモン漁業で、ディーゼルエンジン付きの大きな船で海洋を走りめぐっては、成魚も幼魚も、シルバーサーモンやスチールヘッドなど絶滅の虞れがある種も、区別なくまとめて捕獲する。集団漁業は、たとえブリティッシュ・コロンビアのフレージャー川のベニザケという一つの種を対象にしている場合でも、フレージャー川に流れ込む二十余りの支流のどこから来たベニザケかは区別しない。これら支流の中には、サーモンの遡上数がわずか数百にまで減って絶滅が危惧されているところがある。

カナダでサーモン漁を持続可能にする一つの解決策は、アイスランドのように海洋での商業サーモン漁をやめて河川への遡上を促し、川で筌《うけ》と呼ばれる仕掛けやインディアン水車、簗《やな》を用いて選択的に捕獲することだ。スチールヘッドなど目標外の魚は、収益性の高いスポーツフィッシングのために解き放てばいい。別の解決策としては、目の細かい「刺し網」を使って、編み目に魚を絡ませて生きたまま捕獲し、あとで目標外の魚を選《よ》り分けるやり方がある。

現代の工業的林業は、まさしく持続不可能な農業の好例だろう。現代林業は農業と考えられている。その証拠に、アメリカ政府の林野部は内務省ではなく農務省の下に置かれている。つまり森林は、一度収穫したあとまた植林するか自力で再生させて、さらに収穫して植林することを無限に繰り返せる農産物、いわゆる「再生可能資源」と見なされているわけだ。

皆伐はいちばん費用効率の高い収穫方法で、しかも望ましくない下生《したば》えや、米栂《べいつが》やハンノキなどの

たった一匹のサーモン

北アメリカ西部の巨大な水系——フレーザー、スキーナ、コロンビア、サクラメント、サンウォーキンほか、数千の河川——ができた頃、そこには数種に及ぶサーモンが生息し、その神秘と悲哀に満ちた優美な力強い姿を、人間の女よりも深く愛した男たちがいたという。

ネバダ州の北東の果てに、サーモンクリークと呼ばれる川がある。わずか七十年ほど前、いやもっと最近まで、サーモンたちが三カ月かけてはるばるオレゴン州アストリアからコロンビア川を、さらにはスネーク川を遡り、平和な美しい高地砂漠の谷で産卵して死ぬためにここへ戻って来ていた。いまではサーモンクリークに沿って歩くとき、ほかならぬその砂利に、不気味な喪失感、肌に迫りくる寂寥感と悲哀を覚えずにいられない。亡くした子どもを永遠に悼む母親に似た嘆きを。

悲しみに沈んでいるのは、この川だけではない。カリフォルニア、オレゴン、アイダホ、ワシントン、カナダにまで及び、子を亡くした無数の母親たちが、地表から永遠に消えて二度と戻らない非運の子どもたちを悼んで嘆き悲しみ、やるせない思慕の泣き声を上げている。昨年は、アイダホまでたどり着いたベニザケはたった一匹だった。そう遠くない昔、サーモンがコロンビア川下流を通り抜けていた頃、その数は文字どおり数えきれない。ときおり仲間に押し退けられて岸に打ち上げられるサーモンもいたぐらいで、しかもそれは川幅が一キロ半もあった場所の話なのだ。

先ごろ私は、ボンネヴィル・ダムの忌まわしい止水壁の上に立ってみた。そして、かつて一兆匹ものサーモンが自由に泳いで通ったこの場所に、悪魔の住処を見出した。想像上の火焔の洞窟にではなく、氷のように冷たいコンクリートと鉄の中に。この場所こそ地獄の中心であり、ここで悪魔（サタン）が、繰り返し何度も川とその子どもたちを殺し、同様の殺戮を犯すあちこちの地獄の帝王として君臨している。絞り出された水の轟きは、恐怖と嫌悪の混じった怒りの咆哮のようだ。

私は依頼を受けてある委員会に出席したものの、しょせんはティラノサウルス・レックスの顔の前でハンカチを振るようなものだと承知していた。爆発物と夜戦士の軍団を投入しようかとも思ったが、無駄なことはわかっていた。

悪魔を無力化するには、同等の力、神の力が必要だ。だが神は復讐よりもむしろ、赦しを与えるほうが多い。復讐はわれにありと神は言うが、私たちが必要とするいま、いったいどこにおられるのか。この地に身を屈めて手を伸ばし、クラカタウ火山の百倍の威力、水素爆弾と古今のあらゆる雷光を束ねた威力をもって怒りと正義を雨あられと降りそそぎ、爆発につぐ爆発を起こし、不快なガスと雲を放出して一世紀の間地表を闇に包み、耳をつんざき目をくらます天変地異で、オロヴィル、シャスタ、ヘッチヘッチー、ニンバス、ドライ・クリーク、ピルズベリー、グランドクーリー、ジョン・デイ、ドウォーシャク、ボンネヴィルほか、一千の地の悪魔の城を粉々に吹き飛ばしてもらいたいのに。悪魔は例によって戻って来るだろうが、それでもかなりの時間がかかるはずだ。

——ラッセル・チャタム

撮影：リチャード・グロスト

低価値の樹木を一掃できる。皆伐後に土地を焼き払い、米松《べいまつ》などの単一樹木を再植林することも可能だ。ところが困ったことに、自然は単一栽培を好まない。

皆伐を行い、それにともなって（林野部の補助金で）道路を作った場合、土壌浸食が生じ、川が土砂で埋まってサーモンの遡上が妨げられてしまう。二次林の樹木は質が低く、自然災害にやられやすい。アメリカ北西部で米松植林家を脅かすウイルス病がいい例だ。三次林ともなると大量の化学肥料が必要で、四次林にいたっては育つかどうかすら怪しい。「再生可能資源」の定義からはほど遠い。

家庭菜園に学ぶ

経済活動でいかに持続可能性を実現するかに関して、私は知識の大半を家庭菜園から得た。自宅周辺の土地は、地球上の九十パーセントを占める、農業に適さない土地（ある種の牧草地以外）に分類できる。私の家の場合も固く締まった重い粘土質の土壌だ。これを耕すために二度掘りして、シャベル二本の柄《え》を折るはめになった。

その上で海岸からは砂を、地元のマッシュルーム農家からはマッシュルーム用堆肥（馬の糞）を運び入れ、石灰を施して粘土をいっそう細かくほぐした。土質がアルカリ性に傾きすぎたので、今度は硫黄を足した。

窒素の不足には、鶏、ラマ、牛の堆肥を入れ、パタゴニアのカフェテリアの虫コンポスターや自宅台所のごみコンポスターから海草や虫の糞のコンポストを加えた。さらに被覆作物として、窒素固定力のあるクローバーと空豆を植えた。

こうして何年か力を尽くしたあとでようやく、毎年上質のコンポストを足すだけですむ良質の土を手に入れた。とはいえ、この菜園が唯一の食糧源だったら、とうの昔に飢え死にしていただろう。外からこうした土壌改良材を入れたことで、ささやかな二十平方メートル足らずの菜園は「オーガニック」にはなったかもしれないが、「持続可能」であるとはとうてい言えない。それどころか、いまもまだ、手つかずの土壌のスプーン一杯相当の地表に存在する五十億のバクテリア、二千万の真菌、百万の原生生物を欠いたままだ。健康な土壌を生み出し、窒素を固定させ、人間の健康に不可欠な微量ミネラルを基岩から放出させるには、こうした有機体がなくてはならない。

イギリスの医学研究審議会が一九九一年に行った調査によると、一九四〇年に比べて最高で七十五パーセントの野菜の栄養素が失われ、肉からは半分、果物からは三分の二ほどミネラルが消えていた。

現代アグリビジネスのいわゆる「緑の革命」は石油に依存しており、その持続可能性は万に一つもない。コーネル大学のデイヴィッド・ピメンテルの試算では、世界中でアメリカと同じ食生活（と農業）を営んだら、わずか七年余りで地球全体の既知の化石燃料埋蔵量が尽きると言う。『ナショナルジオグラフィック』誌によると、牛一頭を生産するのに千二百七十リットルの石油が必要だ。現代農業は一年に約二・五センチの割合で表土を消耗するが、自然がそれだけの肥沃な表土を生むには千年かかる。

アメリカ中西部では、トウモロコシを一ブッシェル（二十五・四キログラム）栽培するのに同じ量の表土が破壊されている。現代アグリビジネスは大量の化石燃料を原料とする肥料と有害な農薬に頼り、溜まるよりはるかに速いペースで地下水を汲み上げて潅漑に利用していながら、最終的に生み出す食糧の量は、小規模オーガニック農法の収穫量よりも少ない。

日本の自然農法家である福岡正信は、その著書『「自然農法」わら一本の革命』(春秋社)において、田に水を張ったり土を耕したり化学肥料を用いたりすることなく、工業的農法と同じ単位面積当たりの収穫量の米を栽培する方法を説いている。

カリフォルニアの「エコロジーアクション」のジョン・ジェヴォンズは、バイオ集約型農法を採り入れた結果、機械化された化学農法を行う農家よりも、単位面積当たりの野菜収穫高が四~六倍多かったと報告する。

私の家庭菜園では、野菜が健康で病気や害虫に対する自然の抵抗力を持っているので、有毒な農薬や人工肥料を使う必要がまったくない。また、輪作を行ったり、さまざまな種類を植えたりして多様性を保ち、単一栽培につきものの害虫や病気を退けているし、家の軒下には百羽ものつばめに巣を作らせて、飛び回る昆虫を自然の「空軍」によって撃退している。

一九九一年にソビエト連邦が崩壊したとき、アメリカは超保守的なシカゴ学派から専門家と呼ばれる人たちを派遣した。失敗した大規模集団農場をどうするべきかについて、彼らの提案は、小規模の家族所有の農地区画に戻すのではなく、巨大な農業企業という性格を保ったまま株式を売却することだった!

企業による環境破壊

多様性および持続可能性は自然な生態系に欠かせない要件だが、この二つがどうしたら正しい商行為に結びつくのかは明確にされていない。私たちは前提として、自分たちのビジネスが天然資源の持続に依存していること、ゆえに自分たちは生態系の一部であり、これを維持する義務を負うことを認識している。そして、ビジネスのあらゆる側面に多様性と持続可能性を取り入れている。

パタゴニアでは、自然環境の保護および保全を、就業時間のあとや通常業務をすませたあとに行うものと位置づけてはいない――というより、まさにこれを行うためにビジネスを続けている。たとえ私たちが家具店、ワイン醸造所、あるいは建設業を営んだとしても、同じ環境理念を抱いていただろう。私は、そしてほとんどの従業員も、母なる地球の健康が最優先事項であり、それを保つ責任を全員が担わなくてはならないと信じている。

環境以外のパタゴニアの理念は、「最高の」企業になろうと努める過程で経験した成功や失敗から導き出されたもので、たいていは事業経営に直接的に結びつく。言い換えれば、企業内の経験から外へ向かって生じたものだ。

かたや環境の理念は、外部からやってきた。世界の環境危機がパタゴニアの内部にも届き、変化を余儀なくしたのだ。それは紙や電気の使用量を減らしたり、再生原料から衣料を作ったりといったことにとどまらない。私たちは外の世界に出て、自然界の未来を危険にさらす環境問題に取り組んでいる。

パタゴニアのような、好調で寿命が長く生産性に優れた企業は、本質的に、健康な環境になぞらえることができる――どちらも多様な要素から成っていて、全体がうまく機能するためには各要素が調和を保って働かなくてはならない。大気に過剰な二酸化炭素を放出して地球全体の気温を上げてしまったら、その影響は海洋、森林、草原地帯、さらにはその場所に住むあらゆる生物、あらゆる人間に及ぶ。

同様にパタゴニアにおいて、ほかの部門への影響を考えずに一部門を大きく変革したら、大混乱を招くだろう。まともな考えの企業家なら、たとえば、ほかの部門への影響を省みずにわざと経理部門を機能させないようなまねはしないはずだ。それなのに環境に対しては、まさにこれが行われている――地球全体の健康を省みることなく、生態系が破壊されたり「改造」されたりしている。

不幸にも、ビジネスがもたらす環境破壊のほとんどは、自らに関しても環境に関しても持続可能性を気にとめない大企業の仕業《しわざ》だ。彼らは自分たちの短期的なビジネス原則を、長期でしか営めない自然体系にも当てはめている。

政府も企業も、資源の利用に関してフル・コスト・アカウンティング（全部原価計算）を採択していない。それどころか、経済の健全性を測る政府の指標は、費用という要素をまったく反映しないGNP（国民総生産）だ――これが示すのは、売上高だけ。だから森林火災、戦争、洪水などの国家的惨事が起きて資源が破壊された場合、労働や原材料に使われる金額が増えるせいで、GNPは上昇する。国家会計の元帳の借方に、天然資源の損失が書き込まれることはない。

ある試算によれば、牛を放つ牧草地を作るために森林を皆伐した場合、ハンバーガー一個の社会的、環境的コストは二百ドルに達する。

私たちは予防原則の立場をとるどころか、原子力、遺伝子組み換え食品、農薬、そのほかの有毒化学物質を「有罪と立証されるまでは無罪」の前提で取り入れて、有罪の立証は各個人に委ねている。

消えゆく原生地域《ウィルダネス》

地球で最も生物学的に豊かな地域、熱帯雨林において、薬や食物としての有用性を判断するのはおろか、発見または命名する間もなく多くの種が絶滅している。さらに問題なのは、それらの種が生態系で果たしている役割や、なくなった場合に生じる異変がまったくわからないことだ。

温暖化や気候の変動など、すでに世界中で大規模な自然異変が起きつつあることはわかっている。自然は優れた適応力と自己治癒力があるが、人間の産業が、とりわけ前世紀の間に、自然の力で処理できる速さを超えた損害をもたらしてきた。

均衡を乱したところに砂漠を生んできたわけだが、このままいけば、全地球規模で均衡を乱してしまいかねない。そうなったら、損害を緩和しようとする人間の努力はすべて、ケインズの印象的な言葉「さながら糸を押すよう」になんの効力も持たない。

私たちは、本当の原生地域を体験できる最後の世代だ。すでに世界はおそろしく狭まっている。フランス人にとって、ピレネー山脈は「原生」だ。ニューヨークのスラムに住む子どもにとっては、セントラルパークが「原生地域」になる。ちょうど幼少の私にとって、バーバンクのグリフィスパークがそうだったように。

パタゴニア地方を訪れた旅行者ですら、一見広大な原生の地に思える大牧場《エスタンシア》が、実は羊に食い荒らされた放牧場であることに気づかない。ニュージーランドやスコットランドの森林は消えうせ、そこに住んでいた動物たちが忘れられて久しい。

北部を除いたアメリカ四十八州において、道路や人間の住居から最も離れている場所は、ワイオミ

真の地球急進派グループにとって、中心となる関心ごとは、原生地域（ウィルダネス）の保全でなくてはならない。そもそもウィルダネスという概念そのものが、人間の思想の中で最も急進的だ――ペインよりも、マルクスよりも、毛沢東よりも。ウィルダネスはこう告げる。人間は至高の存在ではない、地球は人類だけのために存在するのではない、人の命は地球上の生命の一つにすぎず、排他的な財産権など持っていない、と。

そう、ウィルダネスはそれ自身のために存在するのであり、人間の利益に合わせて自らを正当化する必要はない。ウィルダネスはウィルダネスのためにある。クマ、クジラ、シジュウカラ、ガラガラヘビ、カメムシのために。そして……、人類のためにも……。ウィルダネスは母なる存在なのだから。

――デイヴ・フォアマン『環境戦士の告白』より

ング州スネーク川の源流だが、そこでさえわずか四十キロ隔たっているだけだ。したがって、仮に「原生地域」を文明から徒歩一日以上の距離にある地と定義するなら、北米大陸には、アラスカとカナダの一部を除いて、もはや存在しないことになる。

私たちはこうした手つかずの原生地域、および多様性を「基本の姿」として守り、本当の世界がどんなものかを忘れないようにする必要がある。自然が地球にそうあれと意図したとおり、完璧な均衡を保った状態にしなければならない。この状態を模範として頭に留めて、持続可能性への道を模索していかなくてはならない。

『サイエンス』誌の記事（二〇〇二年八月九日号）で、環境経済学者のロバート・コスタンザは「私たちは長い間、自然の価値を考慮しないことによって帳簿をごまかしてきた」と述べている。彼の研究チームは、手つかずの生態系を維持した場合と、経済的利益のために搾取した場合との経済的価値を比較した。具体的に言えば、タイの野生マングローブおよびカメルーンの原生熱帯雨林を現状のまま残したときの経済利益と、それぞれエビ養殖場、ゴム農園に転換したときの純利益とを秤に掛けたのだ。

その結果、気候調節、土壌形成、栄養循環、および野生種から得られる薬品、燃料、食糧、繊維などを考慮すると、自然を搾取するよりも手つかずのままに保つほうが、少なく見積もっても百倍の経済価値を持つことがわかった。

また、この研究チームは「世界中で生息域の保全に使われる金額を、現在のわずか六十五億ドルから、意味のあるまとまった原生保護区を作るために必要な四百五十億ドルに増やせば、経済価値はいくらになるか」という試算を行い、自然が経済にもたらす見返りは、四百四十兆～五百二十兆ドルにのぼると見積もった。

五つの理念

パタゴニアの環境活動は七〇年代、ヨセミテの岩壁に加えられる損傷を防ぐというシンプルな行動として始まった。具体的に言えば、クリーンクライミングの推奨と、使い捨てではない高品質の製品作りだ。やがて、製品作りのもたらす環境への悪影響を最小限にとどめる行動にも着手した。そして、現在直面している危機に対する認識が深まるに従って、私たちの活動範囲も、一組織として地球と自分たち自身に日々及ぼしている致命的になりかねないダメージを見直し、取り除く行動へと広がった。

私たちのミッション・ステートメントはこうした発展的変革を反映して、「不必要な悪影響を最小限に抑える」と述べ、「ビジネスを手段として環境危機に警鐘を鳴らし、解決に向けて実行する」という決意で結んでいる。

これは大志に満ちた宣言《ステートメント》だ。単なる口先だけに終わらせないためには、大きな枠組みかいくつかの指針を示して、道をそれることがないようにする必要がある。そして、パタゴニアにおいて最も複合的かつ広範な理念が生まれた。環境の理念である。この理念の要素をまとめると、次のようになる。

1　吟味された生活をする
2　自己の行動を正す
3　罪を償う
4　市民が主役の民主主義を支援する
5　ほかの企業に影響を与える

環境の理念1　吟味された生活をする

私は人間が悪であるとは思わない。ただ単に、あまり知性のない動物であるだけだ。自分の巣を荒

RE：楽しむこと

12 June, 1994
To: Alison
From: Kris McDivitt

親愛なるアリソンへ
なぜ「楽しむこと」がミッション・ステートメントに言及されていないのか？　私にはわかりませんが、とてもいい質問ですね。
楽しみはなくなったのか。どこへ行ったのか。いつ消えたのか。まずは、あなたの意見が正しくて、

楽しく過ごすことがパタゴニア文化の一つだと仮定してみましょう。もちろん私は、たとえ楽しいとまではいかなくとも、みんなに気持ちよく働いてほしいと願っています。しかし、楽しく過ごせていないと言うのなら、原因を考えなくてはなりません——たぶん、それはイヴォンのせいです。

彼こそが、私たちの中で誰よりも先に、世界の生態系が破滅的な終局に向かいつつあることを知りました。彼こそが、誰よりも先に、私たち全員が船もろとも沈みつつあることを知りました。本を読んだのも彼がいちばん先でした。そして断片を一つにまとめはじめ、私があなたと知り合うはるか以前に、収集人のためにごみを分別する以上のことをすべきだと結論づけました。そう、「楽しく過ごすこと」がミッション・ステートメントに加わらなかったのは、イヴォンのせいだと思います。

あなたもおわかりのように、少なくとも私は、地球とそこに住むほとんどの生命が深刻かつ、おそらくは取り返しのつかない問題に直面しているときに、昔の合い言葉を守りつづけて楽しく過ごしたり、一匹オオカミやうるさいアブのように生きたり、ビジネス界の反逆者のように走りつづけたりすることはできません。

個人的な経験から言うのですが、きっとあなたも、なんらかの自然の惨事が迫っていることを認識したら、世界観ががらりと変わるでしょう。たとえ自分のできることだけに対処し、惨事については心を悩ませない道を選んだとしても、一度認識したことは頭から消えてくれません。私たちは日々この見識を社内に広めていますし、厳しい現実の重圧をなんらかの形で抱えていくのは容易ではないのです。

楽しく仕事に取り組むのを妨げたり、楽しみを否定したりするものは何もありません。私たちは楽しみ方をまだ覚えています。でも、断言しましょう。それは新しい形の楽しみであり、私たちは片目をすがめ、頭を垂れながら味わうことになる、と。

らすような愚かで意地汚い動物はいない——人間のほかには。確かに私たちは、知性がないせいで、日頃の行いがもたらす長期的な影響を予測できないでいる。才気溢れる科学者や起業家が新しい技術を発明または開発するとき、それが原子力であれ、テレビであれ、サーモンの養殖であれ、闇の側面を見通せないことが多い。

原因は、想像力の欠如だ。デイヴィッド・フラムがジョージ・W・ブッシュに媚《こ》びへつらって書いた*The Right Man*（正義の男）によれば、ブッシュの最大の欠点は「好奇心がないこと」だと言う。好奇心がない人々は、生活を吟味することができない。すなわち、水面下深くに横たわる原因を見抜けない。彼らは盲信を尊ぶが、盲信の何より恐ろしい点は、事実を受け入れられなくなる、あまつさえ拒むようになることだ。

その好例が、二〇〇四年にメリーランド大学の行った調査結果で、イラクに大量破壊兵器はなかったとする最終報告書をCIAが出したあとですら、ブッシュ大統領支持者のうち七十二パーセントがなおも兵器の存在を信じていた。さらに、あらゆる証拠に反してイラクとアルカイダに結びつきがあると信じている人々の割合は、もっと高かった。

事実を受け入れて現実を認識することができない、あるいは「したがらない」人々の存在より恐ろしいのは、彼らが選挙民として、事実よりも信仰に見解や政策を左右される大統領を選び、下院議員にもそのような人物を前回より多く選出してしまったことだ。

「歴史上はじめて」と、ビル・モイヤーズは、二〇〇四年にハーバード大学で行った講演で述べてい

「あなたの１票が決める」と訴える広告。**提供：パタゴニア**

る。「イデオロギーと神学《セオロジー》がワシントンの権力を独占した」

モイヤーズはさらに、レーガン時代の内務長官、ジェイムズ・ワットが公聴会で「最後の木が切り倒されたのちに、キリストが甦る」と述べたことを引き合いに出し、「三大有力キリスト教支援団体から八十~百パーセントの支持率を得た」上院議員四十五名、下院議員百八十六名のうちの何人かを挙げている。

これらの議員がなぜ現職にあるのかと言えば、聖書を文字どおり解釈して世界の終末《アポカリプス》が近いと結論づける人々が増えているからだ。世界の終末が間近だと信じる人々には、ジャーナリストのグレン・シェーラーがオンライン環境誌『グリスト』に書いているとおり、「環境について心配する」ことを期待できない。生態系の破壊によってもたらされる旱魃《かんばつ》、洪水、飢饉《ききん》、疫病を聖書に予言された終末の兆候だと信じているのに、どうして地球のことを気にかけるだろうか。

人類学を学ぶ人は、こうした現象に驚きはしないだろう。深刻な危機に瀕した文化ではしばしばカルト集団や運動団体が現れて、たいていは救世主を名乗る指導者が、心から信じる者には約束の地が訪れ、崩壊しかかった社会における日常生活の苦悩から解放されると唱えるものだ。では、ジェリー・フォルウェルやパット・ロバートソンは新しい救世主なのか。私はそうは思わないが、歴史に照らせば、近い将来、救世主が現れてもおかしくはない。

では、私たちはどうすればいいのか。効果的な対応はただ一つ、機会があるごとに、できるだけ大声で力強く、事実は信仰にまさるという現実を説くことだ。そして、私たちが地球に及ぼすダメージのほとんどは自らの無知に起因しているのであり、ただ好奇心がないという理由でやみくもに不必要なダメージを及ぼしつづけられないと認識すること。問題点を掘り起こす──そして、最終的に解決策を見出す──には、自分の信仰を脅かすような事実を受け入れるだけでなく、たくさんの問いを、それも難解で手強《てごわ》い問いを自らに投げかける必要がある。

私たちが地球に及ぼすダメージのほとんどは、自らの無知に起因する。私たちは好奇心がないせいで、やみくもに不必要なダメージを及ぼしつづけている。問題点を掘り起こす──そして、最終的に解決策を見出す──には、たくさんの問いを投げかける必要がある。私の経験から言えば、一つや二つの問いだけでは足りない──足りないどころか、間違った確信に結びつく可能性が大きい。

たとえば、家族に健康的な食べ物を与えたいと思ったら、たくさんの問いを投げかけなくてはならない。ただ単に「このサーモンは新鮮か」とだけ質問しても、満足な答えが得られるかもしれない。しかし、そこでやめずに「これは天然ものか、養殖ものか」とか「この鶏にはホルモン剤が投与されているのか」とか「このお菓子の箱にずらずら表示されている化学添加物はなんだろう」などと質問すれば、真実に到達する足がかりをつかんだことになる。しかし残念ながら、食料品店の店員はあてにならない。自分で自分を教育するよりしかたがない。

パタゴニアでも同じことをやった。正しい行いをしたい、不必要な悪影響をもたらしたくないと願いつつも、最初は投げかけるべき問いすら見当がつかない状況だった。

企業にとって何より辛いのは、最も売れ行きのいい商品が環境にもたらす影響を調査し、その結果が思わしくない場合に変更を加える、あるいは棚から撤去することだ。

仮にあなたが、地雷メーカーの社長だったとする。あなたは人を雇っており、しかも地域有数の雇用主で、人々に仕事や手当てを与えているが、地雷がどんな目的に使われているかは考えたことがなかった。ところが、ある日、ボスニアかカンボジアかモザンビークに出かけ、手足を失った罪のない人々を自分の目で見て、「なんてことだ！　これが地雷のしていることなのか」と驚く。

あなたは地雷事業から（あるいは煙草事業、ファストフード事業から）手を引くこともできるし、自分の製品がどんなことをしているのか知りながら事業を続けることもできる。そこで、パタゴニアも、自らの「地雷」を探しはじめた。

一九九一年、私たちは環境アセスメント・プログラムを開始して自社製品を調べた。予想していたとおり、作るものすべてが汚染をもたらしていた。だが、その程度の酷《ひど》さには全員が驚いた。「持続可能な製造業」というのは、実は矛盾に満ちた言葉だったのだ。

私たちは、使用する四つの繊維、すなわちウール、ポリエステル、ナイロン、コットンについてライフサイクルを分析した。ポリエステル、ナイロンなどの合成繊維は石油から作られているので、悪者であるのはわかっていたが、コットンやウールといった「天然」素材の製造も、これらに比べて環境にいいとは言えない（場合によってはいっそう悪い）ことがわかった。

ウールを例にとってみよう。羊の放牧される場所が不毛な砂漠環境や高山の草原であるか、降雨量は多いか、自生する牧草に恵まれているか、捕食動物のいない地域であるかによって、ウールはきわめて有害にも、比較的無害にもなる。また、処理の各段階で多くの化学薬品に頼ってもいる。羊そのものが寄生虫対策で殺虫剤漬けになっているし、刈り取られた毛は石油ベースの洗剤で汚れを落とされ、糸になったら塩素で漂白されたのちに重金属ベースの染料で染められる。ウール用の化学液を扱う労働者たちは、神経を侵される可能性がある。

しかし、ウールの合成代替素材であるオーロンも石油から作られているので持続可能性があるとは言えず、一見したところでは合成繊維よりもウールを使うほうが、自然かつ持続可能性の大きい選択に思える。だが、オーロン製造工場一つの生産高のすべてをウールに代えようとしたら、メイン州からミシシッピ州にかけてのあらゆる土地を羊の飼育だけにあてなくてはならない。

実のところ、現在の消費ペースではもはや、天然繊維のみで世界中の人々に衣料を供給することはできない。六十億人余りの人口を抱えるこの地球上で持続可能性を実現させようとするのが、どだい無理な試みなのだ。だが、家の扉を閉ざして車を葬り、隠遁生活を始めるよりも、持続可能性に向かって努力するべきではないだろうか――たとえその目標が、遠ざかりつづける頂上だとわかっていてもだ。

パタゴニアは、その後も問いを続けていった。たとえば、ナイロンの染色に用いる蛍光色の染料は有毒か。有毒だとわかったあとは毒性の低いドイツ製の染料に変えたが、オレンジ色だけは毒性が高かったので、以降はオレンジ色の製品を作っていない。私たちはあらかじめ染められた布地をただ見本帳から注文することに慣れていたわけだが、染料の毒性で問題がいっそう複雑化したことにより、

おそらくは古今を通じて最も優雅なサーファー、レラ・サン。1993年。**撮影：トム・ケック**

考え方をがらりと変えなくてはならなかった。たいていの企業は「不必要な」課題をあえて作るようなまねはしないものだ。

人も政府も企業も、たいていは五回のなぜを問おうとはしない。連鎖的に問いつづけていけば、問題の本当の原因（多くは環境的なもの）にたどり着き、ひいてはなんらかの変革を行うか、罪悪感を持ちつづけなくてはならなくなる。しかも資金があるので、対症療法を果てなく続けていくことができる――たとえば、エネルギー効率の向上に取り組むよりも、ガソリンを無駄遣いする生活を守るために資源戦争を始めたり、環境的な要因に対処せずに、錠剤でがんを「治療」したり。

友人のレラ・サンは世界的なサーフィンの女王だった。古今を通じてあれほど優雅にロングボードを操れる者はそうはいないだろう。だが、わずか三十二歳で乳がんを患った。病気の原因を遡ったところ、子ども時代を過ごしたハワイのワイアナエにたどり着いた。そこでは異常なほどの

アメリカの綿花畑で使われる主な農薬

農薬の化学名(商品名)	農業用途	急性毒性	長期毒性	環境毒性
アルジカルブ(テミク)	昆虫および線虫	高い	がん、突然変異を起こす恐れ	魚類
クロルピリホス(ローズバン)	昆虫	中程度〜高い	脳および胎児の障害、インポテンツ、不妊症	両生類、水生昆虫、ハチ類、鳥類、甲殻類
シアナジン(ブラデックス)	雑草	中程度〜高い	先天性異常、がん	ハチ類、鳥類、甲殻類、魚類
ジコホル(ケルセン)	ダニ　殺虫効果もある	中程度〜高い	がん、生殖機能の障害、腫瘍	水生昆虫、鳥類、魚類
エテホン(プレップ)	植物成長調整剤	中程度	突然変異	鳥類、ハチ類、甲殻類、魚類
フルオメツロン(ヒガルコトン)	除草剤	不明	血液、脾臓	ハチ類、魚類
メタムソジウム(ベーパム)	昆虫、線虫、真菌、雑草	中程度〜高い	先天性異常、胎児の障害、突然変異	鳥類、魚類
メチルパラチオン(パラチオン、メタフォス)	昆虫	きわめて高い	先天性異常、胎児の障害、免疫系および生殖機能の障害、突然変異	鳥類、ハチ類、甲殻類、魚類
メチルアルソン酸(メサメイト)	除草剤	中程度〜高い	腫瘍	ハチ類、魚類
ナレド(ジブロム)	昆虫、ダニ駆除効果もある	きわめて高い	がん、生殖機能の障害、突然変異を起こす恐れ、腫瘍	両生類、水生昆虫、鳥類、ハチ類、甲殻類、魚類
プロフェノホス(キュラクロン)	昆虫、ダニ	高い	視力障害、皮膚炎	鳥類、ハチ類、魚類
プロメトリン(プリマトールQ)	除草剤	中程度〜高い	骨髄、腎臓、肝臓、精巣の障害	鳥類、ハチ類、甲殻類、魚類、軟体動物
プロパルギット(オマイト)	ダニ駆除剤	中程度〜高い	がん、胎児や視力の障害、突然変異、腫瘍	鳥類、ハチ類、甲殻類、魚類
塩素酸ナトリウム(フォール)	枯葉剤、除草剤	低い	腎臓障害、メトヘモグロビン血症	鳥類、魚類
トリブホス(DEF、フォレックス)	枯葉剤	中程度〜高い	がん、腫瘍	鳥類、魚類
トリフルラリン(トレフラン)	除草剤	低い〜中程度	がん、胎児の障害、突然変異原および催奇物質の疑い	両生類、水生昆虫、鳥類、ハチ類、甲殻類、魚類

工業化された畑で働く人の標準的な姿。**撮影：マイケル・エイブルマン**

がんの群発が見られたのだ。

彼女は子ども時代、ＤＤＴなどの化学薬品をサトウキビ畑に散布して戻ってくる「スキーター」トラックのあとをついてまわっていた。散布後のトラックは薬品の代わりに水を積みこんで、未舗装道路に撒いてほこりの舞い上がりを抑えていたが、子どもたちはその有毒な水のスプレーで涼をとろうとトラックの後ろにつかまっていたと言う。当時は誰も、それらの化学薬品がのちに及ぼす影響を知らなかった――レラ・サンは四十七歳という若さでがんで亡くなった。

乳がんはアメリカの三十五歳から五十四歳の女性における主要な死因となっており、毎年新たな患者が二十万人報告されている。四〇年代、乳がんになる危険性は二十二分の一だった。それが今日では八分の一になり、なおも上昇している。

この背景にはなんらかの環境要因があるに違いない。しかし主要ながんセンターでは、乳がんの環境要因に関する研究の優先順位が低い。こうした組織の理事を務めているのは、化学会社や製薬会社のCEOであり、彼らは研究の焦点を薬物療法に絞って環境汚染には目を向けないことで既得の利益を保っている。

乳がんに限った話ではない。アメリカ国立衛生研究所の二〇〇三年度の予算は百五十七億ドルだが、そのうち環境衛生に関する研究を行う主要機関、国立環境衛生科学研究所に割り当てられたのは、わずか二・四パーセントだった。今日使われている十万種の化学物質の中で、がんを引き起こすか否かの試験がなされているのは、わずか三百種ぐらいだろう。

とはいえ、治療法に力を入れるのは賢明な選択なのかもしれない。私たちが「化学物質による生活改善」を決して放棄せず、住居から五千種もの有毒化学物質が一掃される可能性はさしてないことを、がんセンターの理事たちは知っているのだ。

問題を十分深く掘り下げ、十分な数の問いを発して、自分たちの行いの結果を知れば、環境理念の次なる信条に達する。すなわち、ビジネス活動のもたらす悪影響を減らすことだ。

環境の理念2　自己の行動を正す

「私たち自身が、私たちの待ち望んできた人々なのだ」――ナバホ族の呪医《メディスンマン》

繊維の調査を行った当時、私たちは新しいポリエステルからフリース製ジャケットを大量に作っていた。当時は、それが唯一、入手できる素材だったのだ。そこでウェルマン社と提携して代替品を探

りはじめたところ、彼らは同じポリエステル製の飲料ペットボトルを再生してジャケット用素材に変える処理法を開発した。

ジャケット一着につき二十五本のボトルが必要となるため、私たちは一九九三年から二〇〇三年にかけて、八千六百万本のペットボトルを埋立地行きから救ったことになる。新しいポリエステルをPCR（ポスト・コンシューマー・リサイクルド、消費者から回収・リサイクルされた）ポリエステル

このポリエステル製の飲料ペットボトル25本がPCR（消費者から回収・リサイクルされた）フリースジャケット1着に生まれ変わる――道端や埋立地に捨てられさえしなければ。
撮影：リック・リッジウェイ

に替えたことで、百五十着のジャケットにつき百六十リットル近くの石油が節約でき、有毒ガスの放出が〇・五トン抑えられた。

コットンについてはまったく違う話になるが、いずれにせよ、私たちが正しい行いに向けていかに徹底的に取り組んでいるか、世界の環境危機がいかに深刻であるかがよくわかる。コットンの栽培は四千年以上の歴史を持ち、近年まで化学薬品の使用なしに行われてきたが、今日では、世界中の農地のうちわずか三パーセント足らずの綿花畑において、殺虫剤は世界の年間使用量の二十五パーセント、農薬全体では十パーセントが使用されている。こうした化学薬品はもともと戦争用の神経ガスとして開発されたものなので、綿花畑周辺に住む人間、野生生物ともに先天性異常やがんの発生率が高いのも驚くにあたらない。

実用的な代替素材があるのを知って、私たちはオーガニックコットンに切り替えた。そうしないのは、非良心的な行為であり、最高の製品を作り、環境に与える不必要な悪影響を最小限に抑えるという、私たちの基本原則に反する。しかし、ただ単に製造業者に電話をかけてオーガニックコットンに切り替えてほしいと依頼すればすむ話ではない。私たちの決定は、長い独学の道への始まりにすぎなかった。

まずわかったのは、認証を受けたオーガニックコットンは、世界でもごくわずかしかなかったことだ。オーガニック農法の場合ははるかに手間がかかり、農家が畑につきっきりで、植物の健康を害する要素に目を光らせなくてはならない。

雑草を抜いたり堆肥を与えたりといった作業も、余分な手間になる。また、あらかじめ有害な化学薬品なしに自然な方法で葉を落としてからでないと、機械による綿摘みが行えない。

収穫したあとも、処理過程のほぼすべての段階——綿繰り、紡績、編み込みまたは織布——において、余分な費用がかかる。需要が限られること、重量当たりの価格が高いこと、毒性のない枯葉剤が高価であること、原綿はあまりきれいではないので手で扱うのを嫌がられることを考え合わせると、オーガニックコットンにかかる費用は五十から百パーセントほど高くなる。にもかかわらず、一九九四年の夏、私たちの取締役会は、一九九六年の春までに、オーガニックではないコットンをすべて排除することを決定したのだ。

当時、コットン素材のスポーツウェアは総売上げの二十パーセントを占めていたため、オーガニックコットンへの切り替えは、大きな感情的、財務的な代償をともなった。費用が高くなることで売上げと利益がどれだけ落ち込むか、まったく見当がつかなかった。

水の幻想

カリフォルニアの広大なセントラル・バレーに、葦（あし）と蒲（がま）にふち取られた池がある。人工的な四角い形ではあるが、穏やかで静かなたたずまいは、何キロにも及ぶ工業化された綿花畑の中でうってつけの休息場所に見える。静止して動かない水は、この場所にふさわしい。けっして癒されることのない農地の渇きを癒すために、ダムや運河が七つの主要な川から水を吸い取る前は、曲がりくねった湿地帯が全長六百キロ余りの谷をモザイク状に覆いつくしていた。

池のほとりに一人の男が立ち、腕に銃を抱えている。だが、彼は猟師でも強盗でもない。州政府に雇われて、水鳥が池に近づくたびに空めがけて発砲する役目を負っている。なぜ？　この一見無垢な輝く青い水は、農地から流れ出した塩分、痕跡元素、農薬にひどく汚染されていて、池というよりは毒のスープと呼んだほうがふさわしいからだ。鳥がいっときでもここで過ごした場合、死んでしまうか、くちばしが複数あったり眼球がなかったりする子どもを産むはめになる。

それでもまだ、潅漑や土地の肥沃化や害虫駆除作業によって特定の池だけが汚染されているのなら、隔離すれば問題は片づく。だが、事実は違う。セントラル・バレーでは、数百ヘクタールに及ぶ川や支流や河口域で、基準よりも高い濃度の農薬が検出されている。地下水もしかり。この地域に住む多くの人々にとって、地下水は唯一の飲料水源だ。飲料水が汚染されていると、健康が危険にさらされる。特定の農薬は、生態系から消えるのに数十年かかるものもあって、がんの危険性を著しく増大させ、出生率を低下させるという。

大地を骨になぞらえるなら、水は、地球という体の髄にあたる。『オックスフォード辞典』によれば、髄とは「生命維持に必要不可欠な場所」、言い換えるなら最も重要な部位だ――植物では茎の中心の柔らかい組織に、果物では果肉の部分に相当する。

だが、必要不可欠であると同時に、水は騙しの天才でもある。氷の形をとるかと思えば、霧や雪、どろどろの水溜りにさえ姿を変える。本当は存在しないのに、するように見える。しかし、今回は私たちが水を騙した。池ではないのに、そう見えるものに変えてしまったのだ。農薬は私たちの髄、すなわち必要不可欠な部位を毒で冒している。

――ジョアンヌ・ドーナン

適切な素材を開発できなかったことから売れ行きのいいコットン製品をいくつか製造中止にした上で、切り替えに向けてがむしゃらに準備した。当時の生地納入業者の多くは、代わりの原綿供給者が足りないこと、市場の潜在能力も疑わしいことを主な理由に、オーガニックコットンへの切り替えに参加するのを拒んだ。

パタゴニアの従業員は、サプライチェーンの最初まで遡るはめになった。そして、まとまった量のオーガニックコットンを原綿から扱う仲買人をなんとか探し出した。最終的にオーガニックコットンの納入者になった織物工場のうち、事前に経験を有していたところは、わずか二社だった。一九九六年のコットン生地の仕入れ額は前年の三倍にのぼり、逆に、入手できる生地の種類は減った。そのせいで、コットン素材の製品スタイルを九十一種から六十六種に減らさなくてはならなかった。

二つの決定が、オーガニック製品への切り替えを円滑に進ませた。一つは、オーガニック認証を受けたコットンに加えて、暫定的に「オーガニックに転換中の《トランジショナル》」コットンも使うという決定。トランジショナルコットンとは、全過程でオーガニックに栽培されてはいるが、オーガニックの期間が短すぎて公的機関の認証を受けられないものを言う。

もう一つは、「オーガニックウェア」ではなく、「オーガニック栽培されたコットン素材のウェア」を販売するという決定。両者にさしたる違いはないように見えるが、いまだに製造過程で合成染料や慣行農法による綿糸を使っているのに、そうではない印象を顧客に与えるのはよくないと判断した。

天然染料は、私たちの品質基準に達しないばかりか、合成染料とは別の大きな環境問題を抱えていることがわかったし、綿糸は大量生産品のため最低注文量が多く、品質のわからない製品でも大量に発注しなくてはならないのでリスクが高いのだ。

その上、新しい素材について学習と経験を積んではいたが、一九九六年には二つの製品において、しわと縮みを抑えるために低ホルムアルデヒトの樹脂を使っていた。

またもや、私たちは環境基準と品質基準の狭間《はざま》で葛藤《かっとう》するはめになった。ここで回れ右をして、縮みやしわを防ぐために、それまで生地に使われていた有毒薬品すべてにまた依存しては、なんのためのオーガニックかわからない。

だが、こうした薬品が長年使われてきた背景には、まさにこの、しわと縮みという二つの必然的理由があった。実を言えば、コットン百パーセントと表示されたコットン製品でも、ふつうは七十三パーセント前後のコットンしか使われていない。残りの原料は、最終加工で加えられた樹脂、可塑剤、化学薬品なのだ。

試行錯誤の結果、化学物質を加えずに製品の構造を変えて品質を保つことで、化学薬品の問題を解決した。場合によっては、より品質が高くて繊維の長い糸や生地を採用し、あらかじめ縮みを生じさせてから製品にするという手段を取らざるをえなかった。

オーガニックコットンへ切り替える過程で、原料であるコットンの加工や仕上げについて自分たちがたいした知識を持っていないことを痛感させられた。それまで、たとえばパンツ用の生地がほしいと思えば、営業担当者に電話して生地見本を見せてもらい、たくさんある中から選ぶだけでよかった。

それがいまや、原綿に始まって最終製品にいたるまでの全工程を猟犬のように細かく監視しなくてはならない。

一方、マーケティングおよび販売部門では、一九九六年の春にオーガニックコットン製品について三つの目標を定めた。その三つとは、「製品を順調に販売すること」「アパレル業界のほかの会社に影響を与えてオーガニックコットンへの切り替えを促すこと」「オーガニックコットン農業の成長を支援すること」。当然ながら、後ろの二つの目標達成は、順調に販売するという最初の目標の成果に大きく左右される。

私たちは通例の方針を破って外部コンサルタントを雇い、その調査から、消費者が私たちの製品を買う唯一最大の理由は品質である、という日頃の確信の裏づけを得た。購入者にとってブランド名や価格は二次的な位置づけであり、環境面への取り組みにいたっては重要性が最も低かった。また、小幅な値上げなら顧客に受け入れられることがわかったので、ほとんどの製品について販売利益を減らし、慣行農法のコットンからの値上げ額が二ドルから十ドルに収まるようにした。この目標を満たせない製品は、直営店とメールオーダーのみの販売に限定して価格を抑えた。

オーガニックコットンへの切り替えプログラムは成功を収めた。しかしそれは、顧客が私たちと同じ選択をした――つまり将来的に隠れた環境代価を払うよりは、いまオーガニック製品に多めに金を出しておこうと考えたからだけではない。成功を収めたのは、デザイナーや製造部門の人々が、必要に駆られて、原綿からウェアとして完成するまでの全過程を見直したことにもある。必要に駆られて、ウェアの作り方を学んだからだ。

こうした余分な手間ひまが細部まで考え抜かれた製品として実を結び、ひいては売上げの伸びにつながった。自然な製品であるということは、多くの人々にとっては購入理由にはならないが、重要な「付加価値」ではあるのだ。

正しい行いを選択するたびに、たとえ費用が二倍かかろうとも、結果的には利益の増大に結びついた。おかげで、自分たちは正しい方向に進んでいるのだという、私の確信は強まった。環境アセスメント・プログラムが私たちを教育し、教育を受けることで私たちは幅広い選択肢を得る。そして問題を回避せずに前向きに対処することで、持続可能性にさらに一歩近づく。おまけに私たちは、もっとできることはないかと常に探しつづけている。

確かに、工業的に栽培および処理されたコットンからオーガニック栽培されたコットンに切り替えることは、確固たる前進ではあるが、問題が完全に解決したわけではない。有毒な化学薬品を用いない栽培でも、途方もない量の水を消費するし、年々栽培を重ねるうちに土壌は必ずや消耗しきってしまう。

コットン素材のウェアは、着古されたらふつうは捨てられる。私たちはさらに探究を続けて、ライフサイクルのループが閉じた、つまり完全に循環する製品を作るよう努めなくてはならない。オリジナルと同等、もしくはそれに近い品質を持つ衣料品を無限に再生できるようにだ。

そして、ライフサイクルの終わりに到達した製品一つ一つの末路について、責任を引き受けなくてはならない。コンピュータ製造業者が、もはや使えないが有毒なため埋立地には送れない旧型コンピュータの末路について、責任を引き受けなくてはならないのと同じだ。

製品に責任を持つためには、主要な繊維以外にも目を向ける必要がある。製品の各構成要素が及ぼす害を取り除くために、私たちが何をしてきたか、三つの実例を紹介しよう。

パタゴニアのフランネル・シャツはすべてポルトガルで作られているが、そのポルト市近くの一本の川沿いに、布を染色する工場が点々と建ち並んでいる。どの染色工場も川から取水しては使用後にまた排水するせいで、最下流の工場に達する頃には、水は黒々と汚れてしまっている。この最下流の工場はやむなく、使用前に水を浄化する高価なドイツ製装置を導入するはめになったが、使用後の水を川に流す際にもまた浄化装置を通すことに決めた。この染色工場——きれいな水を排水する工場——に、私たちは染色を任せることにした。

ポリ塩化ビニル（ＰＶＣ）は、有害な発がん性樹脂だが、日常生活のいたるところで使われている。丈夫なビニール鞄の被覆材、Ｔシャツのプリントの可塑剤などもその一例だ。私たちは長年、会社をあげてＰＶＣの使用を回避しようと努めてきて、ようやく全製品から取り除く方法を発見した。わずかな例外としてパドリング用のライフ・ジャケットと、Ｔシャツのプリントの一部が残されたが、いまもこの問題に精力的に取り組んでいる。

アンチモンは有毒な重金属であり、ポリエステル樹脂の製造に使われる。そう、シンチラ・フリースの原料の飲料ペットボトルもアンチモンを含んでいるのだ。しかも前出のビル・マクドノーによれば、コーラにはアンチモンの放出を促す触媒の働きがあると言う。私たちはアンチモンを含まないポリエステルへの切り替えを図っているが、ご想像どおり、プラスチック化学業界に変革を促すのは容易なことではない。

社内の業務がもたらす負荷を最小限に抑えようという試みは、八〇年代初めに、管理部門の一人から、ごみ箱一つ一つにごみ受け用ビニール袋を入れるのにいくら費用がかかるか知っているか、と訊かれたのがきっかけだった。なんと、毎日ごみ捨て場に直行するだけのビニール袋に、年間千二百ドルも使っていたのだ。私はこれをなくすよう命じた。

ところが翌日、清掃業者が、ビニール袋のないごみ箱にコーヒー殻や食べ残しなど濡れたごみを入れるなら、回収はしないと言ってきた。そこで、再生可能な紙を入れるごみ箱を各従業員に一つずつ配り、水分を含むごみをオフィスのあちこちに設置した分別用の箱に捨てるよう徹底させた。ほどなく私たちは、あらゆる紙くずの再生に着手し、社員一人一人にその責任を自覚させた。結果として、全社的な再生努力につながり、経費の削減もできた。

別の従業員が、本社のカフェテリアや冷水器で使われる発泡スチロールや紙のコップをなくしてはどうかと提案した。これを受けて、従業員たちはそれぞれ自分のコップを用意し、来客は磁器製のマグカップに淹れたコーヒーを手渡されることとなった。

おかげで、さらに年間八百ドルが節約できた。額としてはさして大きくないかもしれないが、重要なのは、費用のいかんを問わず環境に配慮した行動を選択するたびに、結局は経費削減につながるという事実だ。

例に挙げたのは氷山の一角にすぎない。郵便集配室で段ボール箱を再利用したおかげで年間千ドル、託児所のおむつ交換台の敷紙に使用済みの再生コンピュータ用紙を使ったおかげで年間千二百ドルと、枚挙にいとまがない。

全施設でのエネルギー監査を行った結果、私たちはエネルギー効率のよい照明に取り替え、いくつかの木質の天井を白色に塗って光の反射を促し、天窓と革新的な冷暖房技術を導入した。おかげで、電気代が二十五パーセント削減できた。

カリフォルニアの自社施設はすべて「グリーン－e」（再生可能エネルギー製品に対して認証を与える独立機関）の認証を受けた風力電力を使っている。二〇〇五年には太陽光発電パネルを設置して、ベンチュラ本社のオフィスが消費する電力の一部をまかないはじめた。百万ドルの投資になったが、戻し減税と電気代の低減を合わせれば、わずか数年で元を取れるはずだ。

社内における問題の原因を探るだけでも、相当な労力を要する。それが外の世界にまで手を広げるとなると、困難はいっそう大きくなる。たとえば、従来型の林業が森林を破壊し、生物の多様性を失わせ、特に重要な意味を持つ流域で浸食や洪水を引き起こしているのは、周知の事実だ。

世界の森林の三分の一が、木材の伐採や農地に転用するなどの理由で皆伐され、毎年、ポルトガルの国土面積に等しい森林が失われている。熱帯雨林は一秒当たり一ヘクタールの割合で皆伐され、いまや半分が失われてしまった。私たちはこうした皆伐を、とりわけ原生林の皆伐を、社会運動や訴訟を通じて、あるいはしかるべき政治家を選出することによって中止させるよう努めるべきだが、それでは根本原因にはたどり着けない。

林産物への需要がある限り、森林の木は次々に切り倒されるだろうし、みんなが石油やクジラ肉を求めつづければ、いつかは野生生物保護区に油田が掘られ、クジラの捕獲はいつまでも続けられてしまう。

一企業として、私たちは非再生資源への依存を減らす努力を続けており、最終的には、より負荷が少ない素材への全面切り替えを行う。また、再生紙や再生木材製品しか使わないよう、直営店やオフィスを開設する際にはできるだけ代替建材を用いるよう心がけている。木材の使用はほかに手段がないときに限り、その場合でも、再加工材か、持続可能な供給元からの原木を使用する。

かたやアメリカ政府はというと、森林の縮小に対する解決策として、木材業界や紙パルプ業界に補助金を交付し、林業を「持続可能な」行為と見なして促進している。仮に、木材にかかる真の代価を払わなくてはならないとしたら、ツーバイフォーやツーバイシックス工法の木造家屋は、一軒も建てられはしないだろう。ヨーロッパでは、質がはるかに劣るという理由で誰も木造家屋を建てようとしないし、政府も業界に補助金を出していない。

ベンチュラの三階建ての新しいオフィス建設にあたって、私たちはさまざまな選択肢を検討した。そして、従来のものとはまったく異なる一つの方法に、大きな興奮を覚えた。従来の工法よりも耐火性、耐震性、耐白かび性、耐白アリ性に優れ、エネルギー効率がよく、かかる費用も二十五パーセント少ない。

そして窓や扉の枠以外には、木材を一切使わない。まさしくあらゆる点で秀でており、しかも材料は藁のブロック《ストローベイル》、すなわち廃棄物だ。これが環境的に持続可能性の高い工法であるという事実は、付加価値になる。試算によれば、アメリカ国内で一年間に燃やされる藁の量で、延べ百八十五平方メートルの家が五百万軒建つと言う。

どんな企業のものであれ、環境理念は、仕事以外での活動も従業員に奨励しなくてはならない。たとえばパタゴニアでは、環境保護活動を支援する助成金制度を設ける一方で、アメリカ本社では、各従業員にそれぞれ好きな環境保護グループ、市民グループへの寄付を促す「マッチングファンド制度」(会社が各グループに対して、従業員の寄付と同額の寄付を行う制度)を導入した。

また、燃料の節約を促し、代替燃料自動車の開発を支援するために、ハイブリッド車を購入した従業員に二千ドルを支給している。家庭の不要品を会社に持ち込んで再利用することも認めた。一九八九年には、ソルトレイク・シティの従業員がこれを一歩進んで解釈し、駐車場にユタ州初のリサイクリングセンターを開設した。

従業員たちは個人または仲間どうし、部署単位など、さまざまな形で活動する権利を与えられている。また、通常業務に支障がない限り、勤務時間中にパタゴニアの環境プログラムに参加する権利もある。

例を挙げると、私たちは最近、ある広大な土地を原生地域であると公認させた。それも反環境的な

ジョン・ウィリアムズとネバダ原生地域連合のメンバーたち。ネバダ州東部のノース・パーロック山脈が原生地域として認められるかどうか査定しているところ。**撮影：ウッズ・ホイートクロフト**

ブッシュ政権になってからの出来事だ。きっかけは、会社の配送センターをベンチュラからネバダ州のリノへ移したこと。移転にともなって多くの社員も引っ越しを決めたが、移転してほどなく、ネバダ州には原生地域がたくさん残っていて、その八十三パーセントが連邦所有であるにもかかわらず、原生地域として保護されている区域が少ないことに気がついた。

そこで、独自に野生生物の数などを調べ、五百万ヘクタール近くが保護に値すると判断し、まずは最も取り組みやすそうな、ブラックロック砂漠地域から始めることにした。四人の従業員が私を訪れ、「自分たちに給料を払いつづけて、デスクを一つ与えてくれるなら、二、三年以内に野生保護法を成立させてみせます」と持ちかけた。

そして、ネバダ原生地域連合と連携して、州選出の上院議員を二人とも味方につけて法案を支持させ、ワシントンでロビー活動を展開した。その結果、五十万ヘクタール近くの土地が、一ヘクタール当たり約二十五セントで保護されることとなった。二〇〇四年、連合はさらに約三十万ヘクタールの原生地域を保護下に加えた。九〇年代半ばのこと。四人の従業員が、カリフォルニアの「ヘッドウォーターズ・フォレスト」を守る運動のさなかに逮捕された。ヘッドウォーターズは伐採の危険にさらされている壮大な古いセコイアの森で、逮捕された四人はパタゴニアのインターンシップ・プログラムを利用していた。二カ月を上限として、会社から給与や手当てを受け取りつつ、環境保護グループのために働くことのできる制度だ。

状況によっては、環境保護を目的とする非暴力的な不服従活動に加わったという理由で逮捕された従業員のために、保釈金も支払うことにしている。政府自らが法律を破ったり、その執行を拒んだりしているのだから、市民的不服従も正当化されるものと、私は考える。

今日、子どもたちのために何を残したいかと誰かにたずねたら、「よりよい世界を残したい、そして自分たちの時代にはなかったものを与えてやりたい」という答えが返ってくるだろう。しかし人々は、こうしたバラ色の未来の実現に必要な選択をしていない。

誰も正しい行動をしない理由の一つには、他人からの評価と自己評価の違いが挙げられる。ＳＵＶ（スポーツ用多目的車）の所有者がいい例だ。彼らはＳＵＶが環境によくない車だと知ってはいるが、「ちょっとした旅行に使うだけ」だとか、「たくさんの人や荷物を運ぶため」だとかいった理屈をつけてこれを正当化する。あるいは、安全性の低いことが証明されているにもかかわらず、安全性を理由に挙げる人もいる。加えて、彼らは言う。「たかが車一台じゃないか」と。しかしほかの人々から見れば、ＳＵＶの所有者は環境問題の主要原因を担っている。

私たちが選んだアメリカ政府とその政策も、アメリカ人が環境によくない選択をする一因だ。石油にこれほど多額の補助金が交付されておらず、人々がガソリンの真の費用を負担するはめになるなら、ＳＵＶは売れないだろうし、ひいては製造されることもないだろう。

誰もがハイブリッド車または代替燃料車を運転するか、高速列車の敷設を唱えるはずだ。ところが

スネーク川のダムへの抗議運動。2002年、シアトル。
撮影：コリン・ミーガー

現実には、私たちがガソリンスタンドを訪れたとき、環境破壊の代償や、国外の石油利権を守るための費用負担を求められることはない。

代替エネルギー源または再生可能なエネルギー源は、補助金に守られた石油に太刀打ちできない。人為的に石油価格を抑えた影響はエネルギー産業以外の研究開発や技術革新にも及んでいる。パタゴニアのような衣料品業界では、いまなお、PCR（消費者から回収・リサイクルされた）ポリエステルを使うより、石油から新しく作られたポリエステルを購入するほうが安くつく。だが、世界の原油が底をつきかけているいま、この状態も長くは続かないはずだ。

私たちが若かった頃、地球の健康が危険にさらされているといった認識はなかったし、当然ながら、ビジネスを行うにあたって財務指針と同じく環境指針も必要になるとは、誰一人思ってもみなかった。

レイチェル・カーソンの著書*Silent Spring*（邦題『沈黙の春』新潮社）が一九六二年に刊行されてようやく、一部の人間が目覚めたのだ。今日、ほとんどのアメリカ人は、環境の危機を認識している。調査によれば、七十五パーセントが自らを環境保護主義者と見なしているらしい。しかし口ではなんとでも言えるが、行動がともなわなければ意味がない。

私たちは、絶えず他人を責めている。メキシコ人は子どもを産みすぎるとか、中国人は高硫黄石炭を使っているとか。「政府」は北極圏国立野生生物保護区に油田を掘ろうとしているとか。その一方で、SUVを乗り回し、経済の中心が南へ移らないよう「模範的な」アメリカ人として買い物と消費にいそしんでいる。背景にあるのは、「自分は問題の原因を作っていない、したがって解決策も持たない」という考えだ。

政府の実力者たちにとって、政治課題のうち環境問題の占める割合は五パーセントにも満たない。それどころか、二〇〇四年の大統領選挙では、議論の対象にもなっていなかった。有権者たちは健康な地球に住みたいと言うが、環境問題が選挙において安全保障や医療保障、ガソリンの価格といったさまざまな課題のあと回しにされては、その主張は届かない。

さらには、森林伐採への補助金交付、資源を搾取する事業やガソリンを食う車に対する税の減免、慣行農法によるコットン栽培などの持続不可能な農業への補助金交付、経済活性化のための大量消費の促進といった政策によって、政府が国民を正反対のほうへ導いている現状では、問題の解決はいっそう難しい。

もちろん、実際に油田開発を行ったり工業副産物を放置したりするのは、政府機関ではない。そして大半の企業が、環境面において最低限の基準を満たす程度のことしかやっていない。環境弁護士を雇って現行法の遵守を期してはいるが、そうした法律の一部は、そもそも彼ら自身が制定を促したものだ。さらにひどいことに、彼らは絶えず、自分たちの負担を軽減する方向へ法律を改定しようとしている。利益と雇用が何よりも優先され、「消費者の需要」が、環境によくない製品を作る口実になっている。

法律と、その執行を見届ける監視役がなかったら、企業は消費者から求められない限り、環境によくない製品の製造をやめないだろう。原生林を伐採する林業労働者や、一般市民が使う対人殺傷用銃

"I've never voted."
"You can't be a surfer and not see the
mpact of pollution and sewage in the water.
The ocean's getting hammered. I want to
ee change. I am voting for people who
ut the environment first.
'd never even registered to vote. But this
ear I have. This November 2nd,
et out and vote for what
natters to you."
Chris Malloy
Vote the environment
Register today at: www.patagonia.com/vote
patagonia
Photo: Jeff Johnson © 2004 Patagonia, Inc.
「環境に投票しよう」キャンペーンの広告。**提供：パタゴニア**

器を作る機械工は「これが仕事だから」とか「言われたとおりにやっただけ」などと言って責任を逃れることはできない。「お客様は神様で、私たちはお客様の声に応えているだけ」というせりふは、もはや正しい行いを避ける言い訳として通用しない。

企業は製品を作るべきか否かに関する決定を市場に任せっきりだが、製品を作る際に社会や環境に及ぼす負荷を最小限にとどめる責任だけでなく、製品そのものに対する責任も負うべきだ。たとえば、自動車会社は消費者の求めがあればガソリンを大幅に食うSUVの製造をやめると言うが、SUVを持つことの環境的、社会的代価について消費者を教育してはいない。

人々に行動を促す難しさは、パタゴニアの駐車場やオフィスを少し歩いただけでもよくわかる。駐車場のあちこちにSUVが駐車され、従業員のジーンズやシャツにしても、有毒薬品で栽培された持続不可能な繊維で作られている。こうした製品がいかによくないかを誰もが承知しているこの会社ですら、環境的価値観を植えつけるのは難しい。せめて、私たちの託児所で育った子どもたちには、正しい行いを期待したいものだ。

環境の理念3　罪を償う

ビジネスが環境にもたらす悪影響を抑えるためにどれだけ努力を重ねようと、私たちパタゴニアの作るものはすべて、なんらかの廃棄物や汚染を生んでいる。したがって、私たちの責任の三つ目は、いつか罪を犯さずにすむときが来るのを願いつつ、罪の償いをしていくことだ。

ＯＰＥＣ諸国が七〇年代初頭に招いた石油不足を受けて、ヨーロッパの先進諸国と日本はただちに多額の税を石油に課し、資源節約への全国的な取り組みと効率的な産業形態の開発を押し進めた。その間、アメリカはこうした対策をなんら講じておらず、いま、国民がその代償を払っている。

あれから三十年が経ち、アメリカの生活水準は倍増したが、ヨーロッパでは四倍になった。生活の質、すなわち清浄な空気と水、教育、医療保障、防犯といった要素を指標にした数値において、アメリカはいまや上から十番目の位置に甘んじている。長期的なエネルギー政策を行ってきた国々は、その見返りとして、アメリカ企業の所要量よりもはるかに少ないエネルギーで工業製品を作れるようになった。

もしアメリカが公害企業に重税を課し、石油産業、林業、工業化農業など荒廃をもたらす業界への補助金を廃止し、あらゆる非再生資源に税金を賦課して、その分だけ所得税を減らすなら、持続可能な社会への大きな一歩を踏み出したと言えるだろう。

有限責任会社は一八世紀から一九世紀にかけて利用されるようになった。その目的は、社会制度および経済制度のせいで、さまざまな限界が逸脱されている状況に対処することだ。鉄道会社ほか黎明期の企業は、規模が大きすぎて内容も専門的すぎるせいで、設立者の投資だけでは、設立することも保険を付すこともとうていできなかった。頻繁に起きていたことだが、企業が破

生まれながらの悪

綻したとき、設立者はその損失を補えるほどの財産を持たなかった。そんな富を持つ者は、誰一人いるわけがない。こうして、投資家の負うべき責任を、損失を償える範囲に限定することとなった。

有限責任であるからこそ、企業の所有者は数世代にわたり、有毒物質の利用、漁業資源の消耗、借金の総額等々にかかわる限界を、経済的、心理的、法的に無視しつづけていられる。

企業にこれまでとは違う機能を求めるのは、夢物語を信じるようなもの。時計に料理を作るよう、車に子どもを産むよう、銃に花を植えるよう期待するのと同じだ。利潤追求型企業の機能は、富の蓄積、これに尽きる。有毒な化学物質のない環境で子どもを育てられるよう保証することでもなければ、現地の人々の存在や自治を尊重することでも、労働者の職業的、個人的高潔性を守ることでも、安全な輸送形態を生み出すことでも、この地球上の生命を支えることでもない。共同体に資する機能も、企業は持たない。これまでずっと持たなかったし、今後も持つことはないだろう。

企業に富の蓄積以外を行うよう期待することは、私たちの文化の全歴史、現行の営み、現行の権力構造と報奨体系を見て見ぬふりをすることであり、行動変容に関する全知識を無視することだ。私たちは企業の投資家や経営者に、これまでの行いに対して報奨を与えてきたのであり、したがって、彼らは今後も同じように行動するものと思われる。企業の楯に隠れている人々に違う行動を期待するのは、幻想というものだ。

有限責任会社は、人間を、その行動のもたらす影響から切り離すことを目的に生み出された――つまり本質的に、人間から人間味も思いやりも奪ってしまう。人間味と思いやりに溢れた世界に暮らしたいと望むなら――そして大げさではなく、生存しつづけたいと望むのなら――有限責任会社をこの世から消滅させなくてはならない。

――デリック・ジェンセン（『エコロジスト』二〇〇三年三月号、www.theecologist.orgより）

身近に目を向けよう。このような考えを私が持っているのなら、パタゴニアもまた、資源を消費し汚染をもたらす以上、政府の変化をただ待っていてはいけない。自らに税を課し、それを財源になんらかの善行を施すべきだ。

八〇年代初め、私たちは税引き前利益の一パーセントを非営利の環境保護グループに寄付しはじめ、問題や支援の必要性が増えるに従って、その額を引き上げていった。一九八五年にはついに、利益の十パーセント、すなわち税控除の認められる上限にまで達した。額としても相当大きくなった。というのも、私たちはかなりの利益を生んでいたし、それを特別報酬や配当といった形で外へ出すよりも、再投資の形で内部にとどめてきたからだ。株式非公開会社であるおかげで、会計士や株主に正当性を認めさせる手間をかけずに正しい行いができた。この十パーセントの寄付が正式に方針として定められたとき、会社は永続的な変貌を遂げた。

八〇年代後半、ほかの企業も独自の寄付制度を設けはじめ、そのいくつかは、私たちの誓約と同じく、利益の十パーセントを寄付することを定めていた。ところが、企業によっては、人為的に利益が低く抑えられていた。経営幹部への報奨金や特別報酬を支払ったあとでは書類上の「利益」が大幅に目減りし、十パーセントの寄付を謳《うた》う企業の中には、売上げは多いのに非営利団体へ支払う実際の額はごくわずかというところが多かった。こうした行為は、慈善の精神に反する。惜しみなく与えて、寄付を回避する抜け道は探さない、というのがあるべき姿だろう。

私たちは務めを果たしている自負があったし、ほかの企業があとに続いてくれるならと考えて、掛け金を引き上げることに決めた。一九九六年に、純売上高の一パーセントを寄付すると誓約した。結果として、儲けがあろうとなかろうと、業績が好調であろうと不調であろうと、必ず寄付を行うことになった。だがこれは、慈善というより、この地球に暮らして、資源を使い減らし、環境問題の一因となっていることに自ら課した「地球税」と言えよう。

環境の理念4　市民が主役の民主主義を支援する

民主主義が最もうまく機能するのは、誰もが自分の行動に責任を持たざるをえない小さな同質社会においてだ。そうした社会では、仲間の圧力があるおかげで、警察官や弁護士や判事や監獄は必要ない。自分と両親の「社会保障」を担うのは、ほかでもない自分自身になる。意思決定は妥協ではなく、総意によって下される。

建国期から一九世紀末までの間、アメリカの主要な社会勢力は、連邦政府、地方政府、市民レベルの民主主義の三つだった。中でも私は市民レベルの民主主義の力が最も強力だと主張したい。そもそもイギリスからの独立を促したのは、市民活動家だった。そして私設慈善事業から資金を得た市民レベルの民主主義が、一九世紀の二大社会運動――奴隷制度の廃止と女性の権利の拡張――を活発化させた。

ヨセミテ国立公園の創設は、セオドア・ルーズヴェルトが思いついたことではない。活動家のジョン・ミューアの発案であり、彼がルーズヴェルトを説き伏せて、警護の人間をまいてセコイアの木の下でキャンプさせたのだ。

アフリカ系アメリカ人の女性や子どもたちが、人種分離バスの後部座席に座ることを拒み、連邦法執行官に立ち向かったおかげで、政府は重い腰をあげて公民権法を制定した。

反戦運動が、ベトナムでの戦闘をやめさせた。

いつの新聞でもいい。手にとって読んでみれば、社会に公正をもたらしているもののほとんどが、

ハヤブサを連れたトム・ケイド。1989年。トムは1954年、私たちとともにタカ狩りクラブを設立したのち、コーネル大学の鳥類学講師を経て、非営利のハヤブサ基金を設立し、アメリカで絶滅の危機にあったハヤブサの復活に貢献した。**提供：パタゴニア**

チリにあるこの森は木材採取のために切り倒されることになっていたが、地元先住民のマプーチ族が松の実を食糧源の1つにしているので、ダグ・トンプキンス、パタゴニア、アラン・ウィーデン財団はこの土地を買って永久的保護下に置いた。**提供：パタゴニア**

市民レベルの活動家によってなされていることに気づくだろう。こうした活動家たちは、違法行為を犯した政治家や企業を相手に訴訟を起こしている。彼らの訴えによって、企業は搾取工場をなくし、持続可能性を保った森林からの木材しか売らず、コンピュータのリサイクルや有毒廃棄物の削減を行うようになってきた。

一般市民のカヤッカーや釣り人たちが、古いダムを撤去させ、川の自然な流れを取り戻そうと尽力してきた。タカ狩りを行う人々が、ハヤブサを絶滅寸前の状態から救った。北アメリカの水鳥保護に最も貢献してきたのは、カモを狩る狩猟家たちだ。

「活動家」という単語は、環境を盾にした妨害や暴力的な抗議運動を思い起こさせるため、嫌がる人もいるかもしれない。しかし、私の言う活動家とは、空気や水などの自然資源を守る義務を政府に果たしてほしいと願うふつうの市民を指す。

子どもたちの健康に悪影響を与える有毒ごみ廃棄場の浄

コンセルバシオン・パタゴニカが最初に買った土地の1つは、6万3000haに及ぶエスタンシア・モンテ・レオンだった。大西洋に面した40kmの海岸線は、さまざまな動植物の生息地でもある。2002年、モンテ・レオンは正式にアルゼンチンの国立公園に指定された。**提供：パタゴニア**

化を求めて戦う母親たちにせよ、都市の乱開発《スプロール現象》によって四世代続いた家業を失いかけている農夫たちにせよ、活動家には、他者の問題意識を促すような情熱がある。こうした人々が最前線に立って、政府に法律を守らせたり、新しい法律の必要性を認識させたりしようと頑張っている。

だからこそ、パタゴニアの純売上高の一パーセントは地球税として主に彼らの手に渡される。私はこれまでのアウトドア生活を通じて、自然が多様性を愛することを学んだ。自然は単一化や集中化を嫌う。人間社会でも、それぞれ特定の問題にひたむきに取り組む何千もの活動家グループのほうが、膨れあがった大組織や政府よりも、はるかに多くの成果を上げられる。

北アメリカにわずか五パーセントしか残っていない原生林やサーモンの遡上する数本の健康な川を保護するためには、いったい誰に頼ればいいのだろう。農務省の林野部か。州政府や地方自治体か。それともパシフィックランバー社やウェアハウザー社などの企業だろうか。

左から私、クリス・マクディヴィット・トンプキンス、ダグ・トンプキンス。2001年、チリのダーウィン山脈。2000年、私たちはアルゼンチンとチリの土地を買って国有林および自然保護区域を作る目的で、ランド・トラスト（コンセルバシオン・パタゴニカ）を設立した。**提供：パタゴニア**

私はどれも信用しない。私が唯一信じる相手は、何カ月も樹上に座りつづけたり、ブルドーザーの前に立ちはだかったりするのをいとわない人々が作った、小さな草の根の市民グループだ。私たちには、河川の守人や、湾の守人、森の守護人、政府関連機関の前で腕を組んで一体となって抗議する人たちが必要なのだ。

世界中で、十万を超すNGO（非政府組織）が環境的、社会的な持続可能性に取り組んでいる。アメリカだけを見ても、三万余りの非営利団体が、生物の多様性の保全、女性の健康、再生可能エネルギー、気候変動、水質保護、通商法、人口増加、原生地域の保護など、さまざまな課題を掲げて活動している。

これらすべてのグループが共通な枠組みなしにそれぞれ独自に生まれたという事実は、今日の環境危機がいかに広範囲に及ぶかを如実に物語っている。草の根環境保護グループの多くは、自己利益を図る多国籍企業や政府機関よりも、はるかに問題解決の能力に長けている。その大半は小さな地域グループだ。最低限の人的資源で長時間の労働を行い、慈善オークションや手作りクッキーの販売といった資金調達行事、あるいは少額の寄付に頼って、かろうじて存続している。

現代の私設慈善事業や財団は、なんらかの主張を唱えたり社会運動に携わったりする組織に資金を出したがらない。こうした小規模グループはわずか二十五ドルの寄付金で、巨大企業とその弁護士団、政府寄りの判事や金に目のくらんだ科学者たちに立ち向かわなくてはならない。

ランド・トラストが最も新しく購入した土地は、チリ南部のパタゴニア地域に位置する７万haのバレ・チャカブコで、わずかに残されたゲマルジカの群れの生息地。2つの自然保護地区の間にあるため、ここを購入したことで、26万haに及ぶ保護地域が誕生した。www.conservacionpatagonica.org　**提供：パタゴニア**

この人たちが、世界を変えていく！　2003年、タホ湖で開催された草の根活動家のためのツール会議に参加した人々。**撮影：スコット・ウィルソン**

私たちの一パーセントの地球税は、さまざまな環境活動家のグループや組織を支援している。主な対象は、危機に瀕した川や森、海や砂漠を積極的に救おうとしている個人や組織だが、現状では、一件の寄付を行うにあたって三件の寄付要請を退けなくてはならない。価値のある運動が多すぎて支援しきれないことが、大きな悩みの種となっている。

私たちの金銭的な支援はかなりの額（一九八五年から二〇〇六年にかけての、現金および現物の寄付総額は約二千四百万ドル）にのぼる。しかし、つねづね私は、金銭以外の支援をすべきだと感じていた。

そこで、物資の支援やそのほかの制度に加えて、一年半ごとに「草の根活動家のためのツール」会議を開催し、小さな組織が激しいメディア合戦を生き残るために必要な組織としての運営スキル、ビジネススキル、あるいはマーケティングのスキルを授けている。この会議はパタゴニアの提供する支援の中でも群を抜いて重要だ。

こうした活動家たちはたいてい、孤立し不安を抱えなが

ヘッチヘッチー。そもそも建設されてはならなかったし、撤去されなくてはならないダム。
撮影：デイヴィッド・クロス

らも情熱を抱いて立ち向かっているが、多くの場合、弁護士や「お抱え専門家」の一団を擁する大企業や政府の前では、ひどく無防備である。彼らの姿勢を明確かつ効果的に示すためのツールを提供することは、資金提供と同じだけの価値がある。

当然ながら、こうした活動は保守主義者たちの怒りを招いてきた。一九九〇年、私たちはほかの二十四の企業とともに、計画出産を公式に支持しているという理由で、キリスト教活動委員会（ＣＡＣ）の組織する巧妙な不買運動の標的にされた。

今後すべての製品を買わないと宣言する手紙を数千通受け取ったが、私たちは標的となったすべての企業——どれもパタゴニアよりはるかに規模が大きかった——に呼びかけて、統一的な対応を打ち出した。

ＣＡＣが直営店の前で集団デモを行うと脅してきたときは、「デモ参加者への誓約」という手法を用いた。彼らが店の前に姿を現したら、その見返りとして参加者一人一人の名前で十ドルずつ、家族計画連盟《プランド・ペアレントフッド》に寄付すると宣言したのだ。

彼らは参加を取り止め、不買運動は失敗に終わった。私たちは『ニューヨークタイムズ』紙に「度胸がある」と評され、家族計画の支持者たちから数千通の励ましの手紙を受け取った。一九九三年にも、森林保護グループへの支援を妨げようとする同様の不買運動を打ち破った。

パタゴニアの社内にも、こうした会社の政治信条を快く思わず、家族計画諸団体への寄付に反感を

元伐採労働者で自然保護論者のブルース・ヒル。獲物とともに。
提供：パタゴニア

覚える従業員が何人かはいる。私からの答えは「たとえば煙草などの製品に関してであれ、利益の使い道に関してであれ、自分の信条に反する会社でわざわざ働かなくてもいいのではないか」だ。

また、新しい従業員の多くから、なぜパタゴニアはもっぱら環境活動に寄付をするのに、見たところ社会運動はないがしろにしているのか、と聞かれる。答えは（会社に寄せられるほぼすべての質問への答えと同じく）、〝理念〟の中にある。この場合は、ほかならぬ環境の理念の中にある。「症状ではなく原因に対処せよ」と理念は告げている。

家族計画連盟への支援がいい例だ。この組織は純然たる社会問題に取り組んでいるように見えるが、実のところ、何よりも大きな環境問題に取り組んでいる――人口過剰だ。人々の暮らしが最も悲惨な国々では、出生率が最も高い。そしてまた、最も貧しい。彼らが貧しいのは、ハイチやルワンダのように、自然環境が破壊されているからだ。

最低限の暮らしを営むのにすら、燃料源や建材として木々を切り倒し、食物を栽培したり家を建てたりするために生態系を破壊せざるをえない。貧しい人々、とりわけ、かつて農業を営んでいた人々は、ほかに選択肢がないためやむなく都市に群がり、自然界を汚染し荒廃させている。こうした地域では土壌や地下水が使い減らされ、河川は干あがるか汚濁して、帯水層も枯渇しつつある。

生活の質が上がれば、自ずと出生率は下がるだろう。ほとんどの先進国でそうだったように。だが、生活の質を上げるにはまず、土地の生産力を取り戻し、自然と敵対するのではなく手を携えていく必要がある。

一つの勝利

一九九〇年の春、私はスチールヘッドのガイド仲間三人とともに、二十二フィートの帆船、レゲエナイト号でブリティッシュ・コロンビア沿岸の航行に出た。マイロン・コザックとデイヴ・エヴァンズ、私の三人は地図を眺めるうちに、全長八十キロメートルのフィヨルドの端に広大な河口を擁する、キトロープという大河に心惹かれた。キトロープ渓谷はブリティッシュ・コロンビア沿岸で最も人里離れた土地に思えた。私たちはスチールヘッドが遡上する川と、新鮮なカニ、冒険を探していた。そして、楽園を見つけた。

ガードナー・カナルの奥に見つけた壮大な景色に、私たちは息を呑んだ。水面からそそり立つ二千メートル超の山々、張り出した氷河、切り立った花崗岩の壁、多すぎて数えきれないほどの滝……。私たちが訪れたとき、河口域に一艘の船が停泊し、岸では乗組員の一人が道路や船着き場の配置を検討していた。私は二十五年間林業の世界に身を置いてきたが、北アメリカ沿岸の比類なく美しい谷を次々に破壊してきた工業的林業にこのすばらしい野生の谷を支配させるのは、とんでもない冒涜に思えた。私たちは、キトロープを無傷のまま守るためにできる限りのことをしようと決意した。

全員が環境保護に強い関心を抱いてはいたが、実際に環境保護活動にかかわりやつながりをもっていたのはマイロンただ一人だった。私たちは重要人物たちにせっせと手紙を書きながらも、キトロープの美しさを外の世界に知らせる術がないせいで苛立ちを覚えていた。

状況が一変したのは、その年の秋、マイロンから電話で、パタゴニアのイヴォン・シュイナードなる人物がバックリー川に釣りに来ていると聞かされてからだ。ブリティッシュ・コロンビア屈指のアウトドア写真家であるマイロンは、かねてから、私たちの主張を伝える最高の手段はキトロープの航空写真だと考えていた。ひょっとしたら、このシュイナードという人物を説き伏せてヘリコプターを借りさせ、キトロープへ赴かせることができるかもしれない。説得の任務を与えられた私は、数分後にはピックアップトラックに乗り込んでスミザーズまでの二百四十キロの道のりを運転していた。まったく見ず知らずの人間に、大金を出してくださいと頼むために。

イヴォンはその夜、川からの帰りに土手を歩いていたときのことを、次のように振り返る。

「伐採労働者のシャツを着たひげ面の大男が近づいてきて、『イヴォン・シュイナードさんですね？あなたが環境活動に寄付していると聞いています』と告げたんだ。私は思ったね。こいつは困った。怒れる伐採労働者だぞ。だけど、ウェーダーを履いていたから走って振り切ることもできやしない」

私はヨセミテを引き合いに出しつつ、キトロープについてまくしたてた。こちらの興奮が収まるのを待ってから、イヴォンは自分にどんな手助けができるかとたずねた。私は写真が、それも優れた写真が必要なこと、かなりの辺境地ゆえに撮影するにはヘリコプターしか手段がないことを話した。すると費用はいくらかと訊かれたので、たぶん四千ドルはかかるだろうと答えた。イヴォンは平然とした口調で、ヘリコプター会社はクレジットカードを受け付けてくれるだろうかと言った。

二日後、マイロンはさわやかな秋晴れの空を、イヴォンとその息子とともにヘリコプターでキトロープへ向かっていた。そして立派に務めを果たし、キトロープの生気溢れる航空写真を撮影した——これらの写真はやがて世界中に公開されることとなる。

私たちは知らなかったが、こうしている間に、ほかの人々もキトロープのために力を尽くしていた。昔からキトロープを含む領域を勢力圏にしてきたハイスラ族は、この土地との数千年に及ぶかかわりを持っている。人跡未踏の原生地域に見える土地は、彼らの母なる地であり、少なからぬ者たちの生まれ故郷だったのだ。彼らはキトロープを救おうと必死だったが、方策に頭を悩ませてもいた。

新しい環境グループ、エコトラストは、ちょうどコンサベーション・インターナショナルとの連携を図っている最中だった。エコトラストはかねてからキトロープを、伐採の入っていない温帯雨林流域の中では世界最大のものと確認していて、ちょうどその夏、エコトラスト（とコンサベーション・インターナショナル）の設立者のスペンサー・ビービが、ハイスラ族の首長、ジェラルド・エイモスに連絡を取って、援助を申し出たところだった。魔法が働こうとしていた。

マイロンの撮ったキトロープの写真は、世界中の主な国際環境グループに送られるとともに、ハイスラ族にも渡された。彼らはただちにヨーロッパの伐採権者（ユーロカン社）と話をして、キトロープの伐採がどんな意味を持つのかを示した。マイロンの写真はエコトラストの機関誌や雑誌、新聞などにも掲載されはじめた。私はエコトラストに雇われて、ハイスラ族の住むキタマアト村での共同体組織作りに取りかかった。結果として生まれたのが、ナナキラ協会だ。ハイスラ族のキトロープの保全に注ぐひたむきな情熱と、エコトラストの知識や経験とが結び付けば、すばらしい威力が発揮されることがわかった。

エコトラストが得意とするのは、共同体の潜在能力を引き出すことだ。ナナキラ協会をはじめ、パタゴニアが支援した住民主導の活動は、キタマアト村に大きな影響をもたらした。このブリティッシュ・コロンビア沿岸ほど社会問題と環境問題が結び付いた場所は、ほかにはないだろう。カナダの先住民族（ファーストネーション）たちは、数十年に及ぶ干渉政治と慣例化された人種差別に苦しめられ、痛ましいほど狭い保留区に閉じ込められてきた。

その結果、平均寿命は短くなり、病気や貧困が蔓延し、十代の若者の自殺率もおそろしく高まった。エコトラストのブリティッシュ・コロンビア・プロジェクト責任者、ケン・マーゴリスは、なんらかの援助を行うことに決め、ハイスラ族の女性たちが新しく立ち上げた組織、「ハイスラ・リディスカバリー（再発見）」を支援することにした。

リディスカバリーというのは、辺境の地の先住民共同体が子ども向けキャンプを作る際に援助を行うという国際的なプログラムで、二十年前、ハイダグワイで始められた。代々受け継がれた知識や長老たちの力を借りて、子どもたちを伝統的な文化や土地に馴染ませていくのが目的だ。

ハイスラのプログラムは、キタマアト村で子どもの自殺が相次いだのを受けて、ドロレス・ポラードが始めた。エコトラストやナナキラ協会からの大きな支援（とパタゴニアからの資金援助）を得て、キトロープを子ども向けキャンプの拠点とした結果、ほどなくこの地に、先住民、非先住民双方の子どもたちの歌声が響き出した。ハイスラ族とキトロープの結び付きはいっそう強まって、揺るぎないものとなった。

エコトラストが主催し、ハイスラ族が議事進行を務めた会議において、ユーロカン社は史上例を見ないほどの呆れた賄賂をちらつかせた。今後五十年間、キトロープでの伐採事業にかかわる仕事をすべてハイスラ族に与えるというのだ。人口わずか七百五十人の、失業率がおよそ五十パーセントにものぼる共同体にとって、総額一億二千五百万ドルの賃金は、けっしてささやかな額ではなかった。

だが、ハイスラ族はこの餌に食いつかず、ユーロカン社を愕然とさせた。誘惑を一刀のもとに退けて、大地への深い献身を示したのだった。ハイスラの長老たちは地方自治体の役人、政治家、林業界の大立者を向こうに回し、木の一本でも切り倒されたらキトロープに血が流れるだろうと断言した。

一年後、キトロープの新しい伐採権者、ウェスト・フレイザー社は、無償でキトロープに対する全権利を放棄した。まさしく完全なる大勝利。数百万ヘクタールに及ぶ原生のままの流域が、永久に保全されることとなった。このめざましい環境保護の勝利にかかわったすべての組織——エコトラスト、エコトラスト・カナダ、ナナキラ協会、ハイスラ・リディスカバリー——に対し、パタゴニアは膨大な援助を与えてきた。実を言うと、エコトラストとナナキラへの寄付額は、パタゴニアの行った寄付の中でも最大であり、総額およそ十五万ドルに達するのだ。

キトロープの救済だけでも大きな勝利だったが、さらなる勝利が続いた。ナナキラ協会主導の活動により、ブリティッシュ・コロンビア中央沿岸においてグリズリーベアの殺される数が劇的に減り、中でもキトロープでは全面的にその殺傷の凍結措置（モラトリアム）がとられた。ハイスラ族の若者たちは保全管理官としての訓練を受け、ナナキラ警備隊（ウォッチマン）がキトロープを巡視することとなった。何十人ものハイスラ族が、キトロープ関連プログラムに職を得た。

キトロープはいまや、いかに地元民の潜在能力を引き出し、環境保護に基づいた開発を行うかの模範的事例となっている。パタゴニアをはじめとする環境保護への寄付者がいなければ、こうしたプログラムは実現できないだろう。彼らは、ただ原生地域を救っているのではない。共同体やその住民の生活に深い影響を及ぼしている。今回の事例で、環境保護主義は、最高の社会行動主義として結実したのだった。

——ブルース・ヒル

キトロープ。**撮影：マイロン・コザック**

環境の理念5　ほかの企業に影響を与える

ビジネスを続けていくと決めたとき、マリンダと私は個人的な課題に向き合うこととなった。はたして自分たちに、多くの善行を施し、ごくわずかしか悪影響をもたらさない会社を営めるか。この会社を模範的な姿に変え、他社の改革に対して、個人としては与えられない影響を与えられる会社にできるのか。本当に、ほかの人々の自然界への姿勢を変えさせることができるのか。環境危機の問題は大きすぎて、一企業では、いや十社や百社そこらでは対処しきれるものではない。

もしパタゴニアが環境理念の制約のもとで成功を収めつづけることができたら、ほかの会社も環境ビジネスが割に合うと納得して、正しい方向に踏み出す自信を得られるかもしれない。うまくいけば、それを機に、世界の諸問題の解決を担うようになるかもしれない。

望みを持てそうな徴候はある。オーガニック食品業界は現在、年二十パーセントを超す成長を遂げている。同じように、オーガニックコットンも世界的な需要が急増し、私たちが切り替えに踏みきった一九九六年に比べて三倍になった。

私たちを受け入れた農家、綿繰り工場、紡績工場、織工場、縫製工場はすべて、新たな収入源を切り開いたことになる。オーガニックコットンの原価は、工業的に栽培されたコットンのわずか二倍前後の価格にまで下がり、私たちの成功に触発された企業が次々にオーガニックへの切り替えに着手している。

ナイキ、リーバイス、ギャップなど数社の大企業は、オーガニック運動を支える一環としてオーガニックコットンを購入し、工業的に栽培されたコットンと混ぜ合わせているが、値段は既存の市場価格の範囲内に抑えている。

取引きのある繊維工場の一部は、私たちの熱意に刺激され、有毒な原料や過程を減らそうと精力的に取り組んでいる。たとえば、ポリエステルからアンチモンや臭化メチルを排除したり、「ナイロン6ポリマー」で循環再生を可能にする方法を探ったりしている。

彼らが進んで私たちに協力するのは、私たちの試みが、持続可能性のより大きいビジネスモデルの創出につながると信じているからだ。「死んだ地球ではどんなビジネスも成り立たない」というデイヴィッド・ブラウアーの言葉を、はっきり認識しているのだ。

1% FOR THE PLANET ALLIANCE

第4章 地球のための1パーセント同盟

「いちばんの金持ちになって死にたいなら、かたときも気を抜かないこと。投資しつづけて、すべての浪費をやめる。資本を食いつぶさない。楽しい時を過ごさない。本当の自分を知ろうとしない。人に何も与えない。すべて自分の手元に置く。そうすれば、いちばんの金持ちとして死ねる。だけど、ここで一つご忠告。あなたにぴったりの言葉がある。『死者の装束にはポケットがない』」――スージー・トンプキンス・ビューエル

一九九九年秋のある午後、私は、モンタナ州ウェスト・イエローストーンに店を構えるブルーリボン・トラウトフライズ社のオーナー、クレイグ・マシューズと一緒に、スネーク川のヘンリーズ・フ

ォークでフライフィッシングに興じていた。

そのとき話題にのぼったのは、自分たちの会社はこの世に原生地域があることに依存している、という共通認識であり、自然界の健康は人類の生存に必要不可欠である、という共通の信念だった。私たちはこの二つを理由に、ビジネスを通じて草の根環境保護グループを支援してきた。物議をかもすような問題を支持することで、顧客を遠ざけるかもしれないとの懸念もあったが。

二人の会話が重要なポイントを迎えたのは、どちらのビジネスも「急進的な」立場を表明したおかげで成長していることに気がついたときだ。

これはどうやら、単なる偶然の一致にすぎないとか、たまたま自分の製品を買ってくれる急進派の顧客に出会えただけ、といったことではなさそうだった。何か別の要因が働いているに違いない。きっと顧客は、ただ環境保護を謳うだけではなく、活動家への寄付という形ではっきり立場を表明する会社を支持したがっているのだ。

そこから話が進んで、「環境活動家に寄付している会社を、顧客はどうやって見分けるのか」という疑問にたどり着いた。両社とも広告宣伝で環境保護を打ち出してはいるが、たいていの会社にとって、この種の事柄は（たとえカタログがあったとしても）おいそれとカタログに載せられるようなものではない。寄付している事実を宣伝する費用のほうが、実際の寄付金額より大きくなることもありうる。

だが、こうした会社を見分ける簡単な方法があったとしたら――たとえば、『グッドハウスキーピ

ング』誌の品質保証シールのようなロゴがあったらどうか。そうすれば、どんな事業、あるいは個人

財団

活動家への資金提供を通じて環境危機に取り組む必要性が高まっているが、そうした現状から、この分野における財団の役割に疑問が生じる。アメリカの財団は法律によって、毎年少なくとも資産の五パーセントを寄付するよう義務づけられている。二〇〇一年、アメリカでは、財団による寄付総額が三百億ドル近くにのぼった。確かに相当な金額ではあるが、問題のほとんどが緊急性を帯びていること、その大半が環境にかかわりを有することに鑑みれば、急速に環境が失われつつあるいまこのときに全資産を寄付するほうが、財団の形をとるより道理にかなっているのではないだろうか。

たいていの財団は、その名前の由来となった設立者の財産および人物を称えるために設立されており、それゆえに、通例は、永続の使命を帯びている。しかし、たとえ全資産を与えて財団を解散する結果になろうとも、寄付を増やすべき強い理由がある。どんな投資にも長期間にわたり利子がつくことを考えたら、いま全額を寄付することの利益は、同額を長期間に分けて寄付する利益よりも、はるかに大きいはずだ。急速に拡大しつつある環境問題への寄付となれば、なおさらそうだと言える。

財団、とりわけ大きな財団は、時を経るうちに保守化する。資金と責務を与えられたあとは、どうすれば最大の善をなせるかが問題になる。財団の目的が財産を社会問題の解決にあてることであるなら、その問題が実際に解決されるところまで寄付の額を増やすのが筋というものだ。

その上、ひょっとしたら設立者も、自分の生きているうちに寄付による具体的な成果を見られるかもしれない。

——イヴォン・シュイナード

でも、このロゴを表示して、環境危機に対する自分の立場を示すことができる。

二〇〇一年、クレイグ・マシューズと私は、「1％フォー・ザ・プラネット」と呼ぶ組織を立ち上げた。

これは自然環境の保護および回復を精力的に推進する人々に対し、少なくとも純売上げの一パーセントを寄付すると誓約する企業の同盟であり、その主たる務めは、より多くの資金を提供して、草の根環境保護グループの活動成果を増大させること。その目的は、資金援助を通じてさまざまな環境保護グループの総体的な力を引き上げ、世界の問題解決にあたる能力を向上させることだ。

同盟の仕組みは、以下のとおり。各メンバー企業は、年間純売上げの一パーセントを非営利環境保護グループに寄付し、これを税控除の対象とする。

寄付する先は、「1％フォー・ザ・プラネット」が承認、登録した数千のグループから選ぶ。寄付はそれぞれ、各メンバー企業が直接行う。意思決定の過程を単純にして、官僚主義をできるだけ排除し、メンバー企業が支持グループと独自の関係を築けるようにするためだ。

見返りに、メンバー企業は「1％フォー・ザ・プラネット」ロゴを使用して、自社の環境保護への取り組みを顧客に伝えることができる。ロゴのおかげで顧客は、ただ環境保護をプロモーションに利用する「グリーンマーケティング」と、本物の献身とを見分けられるというわけだ。

この同盟に参加した企業は、人間を含むすべての生命の基本は環境であること、あらゆる生命が今後も生きられるためには健康な環境が不可欠であることを理解しているものと認められる。

地球のための1パーセント同盟のロゴ。

純売上げの一パーセントを選んだのは、これが「努力を要する」数字であり、振れ幅の大きい利益に連動していないおかげで、グリーンマーケティングを製品のプロモーション手段として利用する企業と差別化できるからだ。

「売上げか利益の一パーセント」を寄付するというあいまいな宣言は、意味を持たない。その額は一ドルかもしれないし、百万ドルの可能性もありうる。「1%フォー・ザ・プラネット」とは、最低でも一パーセントの寄付をするという趣旨であり、寄付額はもっと大きくても構わない。ブルーリボン・トラウトフライズ社は、規模は小さいが、二パーセントを寄付している。

もし大統領がこんな提案をしたとしたら、どうなるだろう。次回の所得税申告において、申告書の裏に「納めた税金の十五パーセントはこれに、十パーセントはあれに使ってほしい」と記入できる欄を設けよう――。みんなこぞって、自分の納める税金の使い道を書き込むだろう。

いまのところ、納税者にそういった発言力はない。支持政党が政権の座にない場合には特にそうだ。だが、まずは活動家への寄付という形で自分に課税すれば、発言権を得ることになる。

私たちを滅亡的な環境破壊へ突き進む道から抜け出させてくれるのが政治家あるいは企業の幹部だと信じる者は、そうはいないはずだ。現状を抜け出すためには革命的転換が必要だが、革命は上から始まるものではない。

「1%フォー・ザ・プラネット」は、資源の利用に対して自ら課した税金だが、将来もビジネスを続けていられるための保険でもある。各企業には、わずか一パーセントを環境目的に寄付することで、モルモン教徒が収入の十パーセントを毎年教会に寄付して得られるのと同じ参画意識と満足感を味わってほしい。モルモン教徒はこの「十分の一税」のおかげで、万一農場を失った場合に教会に面倒を見てもらう保証を得ている。

私の考えでは、世界の諸問題への解決策は難しくはない。とにかく行動を起こすこと。そして、もし自分の手で解決できないのなら、資金を提供することだ。最も怖《お》じ気《け》づくのは、最初の小切手に署名するときだが、心配はいらない。翌日も生活はいつもどおり続く。電話はまだ鳴るし、テーブルの上には食べ物がある。そして世界は、ほんの少しよくなっている。

マハトマ・ガンジーの言葉にあるように、「世界を変えたいなら、自分自身が変わらなくてはならない」のだ。

第5章

SUMMARY

百年後も存在する経営

「地獄の一番熱い所は、道徳的危機に瀕しているときに中立を標榜する輩が落ちる所である」

――ジョン・F・ケネディ（ダンテ『神曲』より）

禅師なら、このように言うだろう。政府を変えたければ、企業を変えなければならない、そして企業を変えたければ、まずは消費者を変えなくてはならない、と。いやいや、ちょっと待った！　消費者？　それは私のことだ。では、自分を変えろ、ということか？

ここで言う消費者とは、「ものを使って壊す、あるいは使い果たす人間、むさぼり食い、無駄に消費する人間」を指す。世界中の人間がアメリカ人と同じ速さで消費すれば、地球が七つ必要になると言う。店で買われた商品の九十パーセントが、六十〜九十日でごみ箱行きになっている。

私たちがもはや市民ではなく、消費者と呼ばれるようになったのも不思議はない。消費者こそ、私たちにぴったりの名称であり、政治家や企業の幹部は、私たちの現状を反映しているだけだ。平均的アメリカ人の読解力が中学二年生レベルにとどまり、半数近くのアメリカ人が進化を信じていないのだから、いまの政府も国民にお似合いと言えよう。

アメリカの政治システムが比例制ではなく一人勝ちの制度であり、政府のあらゆる下部組織および主要メディアが保守的、反環境的な統制を受けているいま、市民の多くは公民権を剥奪《はくだつ》された状態にある。

いまこそ私たちは立ち上がり、団結し合い、市民グループに参加するか、これを金銭的に支援するかして、市民レベルの民主主義を促す必要がある。私たちの声が今後も民主政治に反映されるために。

今日、自分のビジネスを振り返ったとき、特に難しい課題は、自己満足を打ち破ることだ。私はいつも、パタゴニアが百年後も存在することを前提として経営していると言うが、それは百年間、現状のままでいいという意味ではない。私たちの成功と長寿は、いかにすばやく変化できるか、にかかっている。

絶えまなく変化し、革新していくための鍵は、切迫感を保つことだ――これが、実に難しい。一見のんびりした企業文化を持つパタゴニアにとっては、なおのことだ。実のところ、私が幹部たちに出す要求の中でも特に厳しいのが、「変化を促す」ことであり、これこそが、長期間生き延びるための

クレア・ペノイヤー・シュイナード。木に登ってチョウゲンボウの巣をのぞき込んでいる。ケベックのカスカペディア川。1987年。**提供：パタゴニア**

唯一の方法だ。

自然についても同じことが言える。自然は絶えず変化を続けており、生態系は大災害や自然選択にうまく順応した種を支援する。健康な自然環境の営みには、業績のいい企業に見られる多様さ、多彩さが必要だ——そして、そうした多様性は、絶えまない変化に身を委ねることから生まれる。

現在、辺りを見まわすと、どこもかしこも自己満足に溢れている。企業の世界でも、自然の世界でもそうだ。生態系の外縁部においてのみ、進化と順応がものすごい速さで生じ、中心部では、安楽な生活を確立して順応を怠った種が、現状を保つことによっていずれ絶滅することを運命づけられている。

ビジネスも同じサイクルをたどる。従来型の企業は環の中心に陣取り、自らの悪行か、景気の悪化や予見せぬ競合相手の登場によって、いずれは死ぬ運命にある。唯一、切迫感を持って周辺部で跳ね回り、絶えず変化し、多様性や

耐久性のテストをするフレッチャー・ペノイヤー・シュイナード。メキシコのプエルト・エスコンディド。**撮影：ルベン・ピナ**

新手法を積極的に受け入れるビジネスだけが、百年先にも生き残っているはずだ。

私たちの社会に関して同じたとえを用いるなら、外縁部で働く活動家たちが、中央部に住む保守的で満ち足りた人々の踵にしがみついている。こうした活動家たちは、ただちに行動を起こさなければ、私たちの住める惑星がなくなることを知っているのだ。

遊牧民が季節の変化や資源の消耗にともなって移動するのは周知の事実だが、何もかもうまくいきすぎて、みんなが満ち足りて怠惰になってきたとリーダーが判断したときにも、彼らは荷物をまとめて場所を移す。賢いリーダーたちは、余力のあるうちに移動を経験しておかないと、危機に瀕したときに移動したくてもそれだけの精神力を発揮できないことを知っている。

詩人のロビンソン・ジェファーズはこう記している。

「平和で安全な心地よい環境においては、人間の魂のいかに速く滅びることか」

現在に至るまでの道のりで、個々の人間がいまの惨状の原因を作ってきたのだから、治す責任も私たちにある。世界が個人としての私の声を聞いてくれないとしても、千人の個人が集まった会社の声なら聞いてくれるかもしれない。

従来型の企業すべてを改革することはできないが、パタゴニアにオーガニックコットンしか買わせないことはできるし、ほかの企業にオーガニックコットンを買うように促すこともできる。また、オーガニック栽培された食物しかカフェテリアで提供しないという目標に向かって努力することもできる。持続可能な方法で作られた製品への需要が高まれば、市場が変わって、企業はそれに反応するしかなくなり、やがて政府もあとに続くだろう。

私自身は、活動家になって最前線に立つ勇気がない。支持する運動が多すぎて、最前線に立ったら欲求不満が危険なまでに高まりそうだからだ。とはいえ、行動主義を信奉してもいるので、財布のひもを大きく緩め、第一線で働く勇気のある人々を支援している。

「悪」に対する私の定義は、たいていの人とは違う。悪とは必ずしも、あからさまな行為ではない。単に善を欠いた状態をも指す。善行をなす能力や資源や機会を持ちながら何もしないのであれば、それは悪と呼べるだろう。

典型的なアメリカンドリームは、ビジネスを起こしてこれをできるだけ早く育てて株式公開し、レジャーワールドのゴルフコースで隠居生活を楽しむことだ。実際の製品は企業そのものであり、シャンプーを売ろうが地雷を売ろうが関係ない。

何から始めるべきか迷っている？　木を植えるがいい。楽観主義者だけがやれることだ。
撮影：エイミー・クムラー

従業員教育、職場内託児所、汚染防止、快適な職場施設といったことへの長期的な投資は、短期的な帳簿においては、すべて負の要素になる。企業が成長してまるまるした仔牛になったら、投資利益のために売り払われ、その資源や株式は通常ずたずたに分割されて、ひいては家族的な絆も地域経済の長期的な健全性も損なわれてしまう。

もし、企業とはできるだけ早いうちに最高値の入札者に売りつけるべき製品だ、という考えを捨てたら、今後の意思決定は大きく変わるだろう。所有者も役員も、会社のほうが自分たちより長生きするとなれば、短期の損益を超える責任があることを認識するはずだ。もしかしたら、自分たちを保護者と見なすようになるかもしれない――企業文化や資産の保護者、そして言うまでもなく、従業員の保護者である、と。

社交クラブ、宗教、スポーツチーム、近所付き合い、家族世帯など、これまで生活のよき指針であったさまざまな社会制度が崩壊したいま、ある種の空洞が生じている。こうした制度は、全体で一つの効力をもたらしていた。集団への帰属意識、共通の目標を目指す連帯感を与えてくれた。

いまでも人々は、道徳的よりどころを、社会における役割意識を必要としている。企業が自らの道徳的責任を認識していることを示し、ひいては従業員や顧客の道徳的責任への対応を手助けできることを示せば、空洞を埋めるのにひと役買えるかもしれない。

パタゴニアは決して完全には社会的な責任を果たせないだろう。また、完全に持続可能なまったく環境に悪影響を与えのない製品を作ることもできないだろう。だが、そのための努力は惜しまない。

謝辞

ホールセール部門の運営を引き受け、カタログのコピーを書き、パタゴニアの年代記を編んでくれた甥のヴィンセント・スタンリーに。担当編集者にして友人であり、私の雑然とした考えを驚くほどきちんとまとめてくれたチャーリー・クレイグヘッドに。道を切り開いてくれたダグ・トンプキンスとスージー・トンプキンス・ビューエルに。人の嫌がるさまざまな仕事を長年引き受けてくれたクリス・マクディヴィット・トンプキンスと、共通の認識を言葉にするのを手伝ってくれたパタゴニアの従業員すべてに。

引用文献

"From the 17th Pitch of the North American Wall" by Yvon Chouinard and "One Salmon" by Russell Chatham from *Patagonia: Notes from the Field* edited by Nora Gallagher. Used by permission of Chronicle Books LLC.

Excerpt from *Wind, Sand and Stars* by Antoine de Saint-Exupéry. Copyright 1939 by Antoine de Saint-Exupéry and renewed 1967 by Lewis Galantière. Reprinted by permission of Harcourt, Inc.

"The Whole Natural Art of Protection" by Doug Robinson, *Chouinard Equipment Company Catalogue*, 1972. By permission of Doug Robinson.

Article on Tom Brokaw from *Life* magazine, November 26, 2004. By permission of Time Inc.

"Responsibility for the Total" from *The Axe Book*. © Gransfors Bruks AB 2001. Used by permission of Gransfors Bruks, Inc.

"Zen" by Dean S. Potter from *Patagonia, Inc. Catalogue*, 2000. By permission of Dean S. Potter.

訳者あとがき

誤解を恐れずに言うと、「普通の人」がパタゴニアを理解するのはなかなか難しい。それは、私自身を含めてのことである。

パタゴニアは、世界で初めてシャツなどすべてのコットン製品をオーガニック（有機）コットンに代えた会社であり、衣料品メーカーとして初めてペットボトルからフリースを作った会社でもある。パタゴニアの事業だけをみると、環境にやさしい会社というイメージしか浮かばないかもしれない。ところが、この会社に根付く哲学を知るとき、これからの企業のあり方の指針となると思えてならないのである。

本書に書かれているように、パタゴニアは、売上高の一パーセントを地球環境保全のために寄付している。また、創業者のイヴォン・シュイナード氏は二〇〇一年、パタゴニアと同様に売上高の一パーセントの寄付をする企業同盟「1% for the Planet（地球のための1パーセント）」を設立した。経団連（現・日本経団連）が音頭をとって設立した「1％クラブ」の寄付の目安は経常利益の一パーセントである。仮に、ある企業の売上高経常利益率が五パーセントだとすれば、前者と後者の寄付の額には二十倍もの開きが出る。

イヴォン氏は確かに、すばらしいことを言う経営者である。だが、本当に言行一致しているのか。「裏」や「からくり」はないのか。私も一九九九年三月、カリフォルニア州ベンチュラにあるパタゴニアの本社で彼に初めてインタビューしたとき、失礼ながら、そんな思いが頭をよぎった。

朱子学には「陰徳あれば陽報あり」という言葉がある。「何かすばらしいことは人に隠れてやるべきだ。そうすれば必ず報われる。逆に隠れてやらないと価値がない」という意味だ。うちの会社はこんなに立派だと言われると、「本当にそうなのかな」と思ってしまうのは、人の常であろう。ましてや「疑ってかかる」のが記者の本能でもある。

それでもパタゴニアに共感した点が多かったので、「環境重視、経営の根幹に／消費者に理念をPR」と題した囲み記事を書き、東京のデスクに送った。だが、待てども待てども掲載されない。ほかの自分の記事はどんどん紙面に載るのに、パタゴニアの記事だけが「預かり（掲載が延期されること）」になった。

実際に記事が新聞に載ったのは一九九九年八月二日のこと。実に五カ月近くが過ぎていた。最後は担当デスクと電話で喧嘩したことを覚えているが、記事が長く「預かり」になったのも、いまにして思えば無理もなかった。彼も、私と同様に、パタゴニアを懐疑的に感じ取っていたのであろう。

それから四年後の二〇〇三年暮れ。新聞社から独立していた私は、『日経ビジネスアソシエ』の連載のため、再び米パタゴニア本社を訪れた。この頃になると、パタゴニアをかなり身近に感じられるようになっていた。だが、そのときに初めて聞いた「Let my people go surfing」という言葉を理解するのに、また時間がかかった。

記事のリード文に、そのときの思いが集約されているので、紹介しよう。

「アメリカのアウトドア用品ブランド、パタゴニアの本社はカリフォルニア州のビーチのすぐ近くにある。Let my people go surfing（社員をサーフィンに行かせよう）――いい波が来たら社員はいつでも波乗りに出かけるという。一見、楽しそうだが、そんな会社が成り立つのだろうか」

記事では、この問いに対する、私なりの答えをまとめた。要約すると次の通りである。

・サーフィンだけではなく、どのアウトドアスポーツでもそれを愛し、顧客よりも深い知識と経験を持つことが、よりよい製品を企画、製造、販売するために不可欠である。

・Let my people go surfing を実践するためには、自己管理も不可欠である。もちろん、いつでもサーフィンに行っていいのだが、仕事はきちんとこなさなければならない。実は、パタゴニアの社員に対する業績評価は厳しい。年功序列や定期昇給などの制度はなく、あくまで個人の達成度合いによって賃金や昇格が決まる。業績次第では賃下げや降格もあり得る。

・一つのスポーツを一生懸命やっていると、同じスポーツをやっていなくても社員どうしが理解し合える風土が育まれる。同僚が登山やサーフィンで休みを取るときには「残りの仕事は自分がやるから楽しんでこい」と言い合える雰囲気がある。同僚や販売先、取引先などに気配りするインテグリティ（誠実さ）をパタゴニアは大事にしている。

最後のインテグリティは、実は重要な要素だ。英語の integrity で、日本ではまだなじみが薄い言葉だが、近年では、ＣＳＲ（企業の社会貢献）に関連して使われることが少しずつ増えてきた。顧客や取引先だけではなく、すべての人に誠実に接することを意味する。

パタゴニアの人たちは、インテグリティが備わっている人が実に多い。経営者や本社スタッフだけではなく、店舗でも物静かだがスポーツに情熱を秘めたという感じの人をよく見かける。スポーツ店で素人っぽい質問をすると、往々にして店員から冷たい視線を浴びて恥ずかしい思いをすることもあるのだが、パタゴニアの店員たちは実に丁寧に説明してくれる。非常に心地よい接客だ。

「インテグリティは日本ではなじみが薄い」と書いたばかりだが、実は最近、『岩崎小彌太』（宮川隆泰著、中公新書）という本に同じ言葉が出てきたので驚いた。

岩崎小彌太は、三菱の創業者、彌太郎の甥にあたり、一九一六（大正五）年、三菱合資会社の第四代社長に就任した。高い志と経理理念を持ち、三菱の礎を築いた人物である。小彌太の訓示をもとに作られた社是「三綱領」（所期奉公、処事光明、立業貿易）は、いまでも三菱グループの新入社員に叩き込まれる。そして「処事光明」の訳語こそが、integrity and fairness である。

小彌太はイギリス留学の経験があるので、おそらくそこで学んだのだろう。日本人になじみが薄いと思っていた言葉が、実は百年近く前の日本の会社で使われていたのは興味深い。

そして二〇〇五年九月。私は再び東京でイヴォン氏を取材した。『週刊東洋経済』の記事「勃興！LOHASビジネス」の取材だった。この記事では、当時、世間でも注目され始めていたLOHASビジネスを取り上げた。当時、私はLOHASという言葉がモノを売るために軽々しく使われていた実態を苦々しく思いながら取材を進めていた。

席に座るなり、私はイヴォン氏に質問した。

「日本でもいま、LOHASという言葉が流行し始めていることはご存知ですか」

彼の返事は本当に意外だった。

「アメリカでもさほど知られていないと思う。よくわからない」

「わからない？　あなたの会社をLOHASと位置づける米メディアも多いですが。LOHASとは距離を保っているのですか？」

その問いに対する答えは実に明快だった。

「パタゴニアはLOHASと関係ない。パタゴニアは非常に真剣に環境に取り組んでいる。一方、多くの人たちがLOHASの流れに乗ろうとしているが、その一部は必ずしも真剣でないと思う。LOHASは単なるマーケティング用語だ」

そして、彼はこう続けた。

「創業以来、ずっと企業の責任とは何かという課題と格闘してきた。ビジネスとは実のところ誰に対して責任があるのかということに悩み、それが株主でも、顧客でも、あるいは社員でもないという結論にようやく達した。ビジネスは（地球）資源に対して責任がある。自然保護論者のデイヴィッド・ブラウアーは『死んだ地球からはビジネスは生まれない』と言った。健康な地球がなければ、株主も顧客も、社員も存在しない」

まさに、目からウロコが落ちる思いだった。私はそれまでの二十年間、経済をテーマに記事を書いてきたが、「会社は誰のものか」という、誰もが行き当たる命題に対する明確な答えを得ることはできなかった。その一つの解が、そのとき、やっと見つかったと感じた。

冒頭で「パタゴニアを理解するのはなかなか難しい」と書いたが、実はこれは日本人にとってだけではない。アメリカでも、パタゴニアのような企業はかなり珍しい存在である。「ＩＰＯ（株式の新規公開）はしない」のがイヴォン氏の持論なので、ウォールストリートの世界とは完全に一線を画している。上場しないのは、すれば市場から急成長を求められ、結果的に企業や地球に悪い影響を及ぼすからだという。したがって、『ウォールストリート・ジャーナル』や『ビジネスウィーク』など、メジャーな経済紙誌が大々的に取り上げることもあまりない。

だが、イヴォン氏が持つ哲学には、出会う人々のものの見方、いや人生そのものを変えるだけの力がある。私も彼の影響を受けた一人である。先の『週刊東洋経済』の記事をきっかけに、志を同じくするジャーナリストたちが集まり、今年の三月に新しい雑誌『オルタナ』を発行することになった。

『オルタナ』という誌名は、英語の alternative から由来し、「もう一つの」「新しい」という意味である。環境や健康、企業の社会貢献を中心に、ビジネスのあるべき姿を探る情報誌である。その意味でも、イヴォン氏との出会いに感謝の意を表したい。

末筆ながら、本書を世に出すにあたって尽力していただいた多くの方々に感謝したい。米パタゴニア本社の日本担当部長である藤倉克己氏には、一九九九年に私が初めてベンチュラを訪れたとき以来、いつもイヴォン氏やパタゴニアの考え方を詳しく解説していただいている。彼がいなければ、私がこの本を訳すこともなかっただろう。また、同社日本支社長のビル・ウァーリン氏、飯田リサ氏、環境担当の篠健司氏、マーケティング・広報担当のケッチャム千香子氏、塚本真弓氏、江藤志保氏には、翻訳にあたって、さまざまなご指導をいただいた。重ねて御礼を申し上げたい。

繰り返しになるが、パタゴニアはアメリカの「普通の会社」では決してない。寂しい状況ではあるが、パタゴニアを「アメリカ企業のスタンダード」ととらえるのは間違いである。だからこそ、パタゴニアのような会社が、欧米でも、日本でも、アジアでも増えることを願ってやまない。

二〇〇七年二月

森　摂

著者紹介

イヴォン・シュイナード

アウトドア衣料メーカー，パタゴニア社の創業者／オーナー．1950年代後半にクライミング道具の製造販売から出発した同社は，世界で初めてすべてのコットン製品をオーガニックに切り替えたり，他社に先駆けてペットボトルからの再生繊維を使ったフリースを販売するなど，製品品質と環境を重視する経営で知られ，日本でも登山やスキーの愛好家や環境保護に共感する人たちを中心に人気がある．2001年には，売上高の1％以上を自然環境の保護および回復を精力的に推進する団体に寄付する企業同盟「1% for the Planet（地球のための1％）」を共同設立し，さまざまな環境団体を支援している．アメリカのみならず，ヨーロッパ，日本でもビジネスを展開する一方で，60歳を過ぎた今でも，サーフィンやフライフィッシングなど，多くの時間を自然とともに過ごしている．

訳者紹介

森　摂

ジャーナリスト．東京外国語大学スペイン語学科を卒業後，日本経済新聞社入社．1998～2001年ロサンゼルス支局長．2002年退社．現在は，ジャーナリストのネットワークであるNPO法人ユナイテッド・フィーチャー・プレス（ufp）代表および雑誌『オルタナ』編集長として，日米企業の経営戦略，マーケティング戦略など，ビジネス分野を中心に精力的な取材・執筆活動を行っている．

社員をサーフィンに行かせよう

2007年3月15日　第1刷発行
2007年5月25日　第3刷発行

訳　者　森《もり》　摂《せつ》
発行者　柴生田晴四

発行所　〒103-8345
東京都中央区日本橋本石町1-2-1　東洋経済新報社
電話　東洋経済コールセンター03(5605)7021　振替00130-5-6518

印刷・製本　丸井工文社

Printed in Japan　ISBN 978-4-492-52165-6　http://www.toyokeizai.co.jp/

本書は以下の用紙を使用しております。

カバー：テイクGA—再生紙(古紙100%)

腰オビ：テイクGA—再生紙(古紙100%)

表　紙：ライトスタッフGA—再生紙(古紙70%)

見返し：里紙—再生紙(古紙70%)、非木材紙(竹パルプ20%)、無塩素漂白パルプ10%

化粧扉：テイクGA—再生紙(古紙100%)

本　文：モダンテキスト—FSC森林認証紙

印刷用インキは非石油系の「大豆インキ」を使用しております。

PRINTED WITH SOY INK™